KB195730

우주로의 여행

우주로의 여행

아인슈타인부터 스티븐 호킹까지,
우주를 탐구하는 여정

자오정 지음 | 채경훈 옮김

시그마북스
Sigma Books

우주로의 여행

발행일 2024년 12월 6일 초판 1쇄 발행
지은이 자오정
옮긴이 채경훈
발행인 강학경
발행처 시그마북스
마케팅 정제용
에디터 최연정, 최윤정, 양수진
디자인 김문배, 강경희, 정민애

등록번호 제10-965호
주소 서울특별시 영등포구 양평로 22길 21 선유도코오롱디지털타워 A402호
전자우편 sigmabooks@spress.co.kr
홈페이지 http://www.sigmabooks.co.kr
전화 (02) 2062-5288~9
팩시밀리 (02) 323-4197
ISBN 979-11-6862-304-0 (03400)

宇宙通识课：从爱因斯坦到霍金
ISBN: 9787115611574

This is an authorized translation from the SIMPLIFIED CHINESE language edition
entitled 《宇宙通识课：从爱因斯坦到霍金》 published by Posts & Telecom Press Co., Ltd.,
through Beijing United Glory Culture & Media Co., Ltd., arrangement with EntersKorea Co.,Ltd.

개요

20세기 초에, 수많은 물리학자는 물리학이라는 큰 건물은 이미 완성되었고, 이제 이 물리학이라는 건물을 잘 유지하기만 하면 된다고 생각했다. 하지만 그 이후에 탄생한 상대성 이론과 양자 이론으로 인해 물리학은 새로운 발전 단계로 접어들었고, 시공간에 대한 인류의 인식에 큰 영향을 끼쳤다.

이 책은 아인슈타인과 그의 상대성 이론에 주안점을 두고, 물리학의 새로운 발전을 소개한다. 이 책은 세 부분으로 나눌 수 있다. 첫 번째 부분은 20세기 근대 물리학의 시작부터 시작해서, 아인슈타인의 일생과 특수 상대성 이론을 다룬다. 두 번째 부분은 상대성 이론의 탄생을 시작으로 항성과 우주의 진화, 그리고 우주의 고밀도 천체에 대해 소개한다. 세 번째 부분은 주로 블랙홀 이론과 호킹의 일생 동안의 업적에 대해 다룬다.

이 책은 저자 자오정 교수의 온라인 플랫폼 강의를 기초로 쓴 책으로, 책 곳곳에 강의실 고유의 분위기가 묻어난다. 글이 생동감 있고 쉬운 말로 되어 있으며, 깊은 내용을 알기 쉽게 풀어 썼다. 근대 물리학의 발전에 관심을 가진 고등학생, 대학생 등 다양한 연령층의 물리학을 좋아하는 사람들이 읽기 좋은 책이다.

머리말

아인슈타인의 일생에서 가장 위대한 업적은 상대성 이론을 만든 것이며, 특히 위대한 업적은 왜곡된 시공간을 설명하는 일반 상대성 이론을 만든 것이다. 최근 몇 년 동안 일반 상대성 이론을 토대로 한 우주의 진화, 블랙홀 및 시공간의 특성에 대한 연구는 두드러진 진전을 보였다. 물리 우주론의 창시, 시공간의 잔물결로 간주되는 중력파의 직접 발견, 블랙홀 이론 연구와 천문 관측 등의 성과로 연이어서 노벨 물리학상을 받았고, 사람들의 광범위한 관심을 불러일으켰다.

　이러한 배경에서 '비리비리(bilibili, www.bilibili.com, 중국 동영상 플랫폼 사이트-옮긴이)'가 두슈런(读书人, 중국 교육 관련 웹사이트-옮긴이)에서 제작한 상대성 이론 및 천체물리학에 관한 저자의 시리즈 강좌를 다듬어서 '우주수업 16강(16堂宇宙课)'이라는 주제로 인터넷에서 방송했고, 시청자들에게 열렬한 환영을 받았다. 이 강좌에서는 일반적인 용어를 사용해서 대중에게 특수 상대성 이론과 일반 상대성 이론의 창시 배경, 흥미로운 이야기를 소개했다. 블랙홀, 중력파, 항성의 진화와 우주의 진화에 대해서도 다뤘고, 전혀 영재가 아니었던 아인슈타인과 호킹의 성장 배경과 과학 연구 과정에 관해 소개했다. 장루(张鹿) 씨의 건의에 따라, 저자는 관련된 동영상의 내용을 정리·수정·보충해서, 동영상 시청자와 관심 있는 독자가 읽어보고 참고할 수 있도록 한 권의 책으로 엮었다.

음성으로 된 내용을 정리해서 문자 자료로 만드는 건 매우 따분하고 번거로운 작업으로, 고된 노동이 필요하다. 베이징사범대학교 물리학과의 이론물리학 전공 대학원생 왕톈즈(王天志), 탕이멍(唐艺萌)은 수많은 시간과 에너지를 들여 저자가 이 작업을 마칠 수 있도록 도와주었다. 장화(张华) 씨는 수많은 참고 자료와 사진을 제공했다. 두슈런 플랫폼과 B 사이트의 사람들도 큰 노력을 기울였다. 그들에게 깊은 감사를 표한다. 아울러 두슈런 플랫폼의 장루 씨와 리장빙(李江兵), 리베이웨이(李北巍), 쟈오샤오빈(赵小彬), 리우쟝강(刘建钢) 등의 사람들이 참여해준 것에 대해 특히 감사한다. 그리고 인민우전출판사(人民邮电出版社)의 교양과학 지사 사장 위빈(俞彬)의 열렬한 지지, 자오쉬안(赵轩) 편집인의 열정적인 추천, 두하이웨(杜海岳) 편집인과 한송볜(韩松编) 편집인의 세심한 편집에도 감사드린다. 그들의 노력이 있었기에 이 강좌가 동영상으로 방송된 후에 글의 형식으로 독자와 만날 수 있었다.

저자의 수준에 한계가 있어서 내용에 불가피한 오류가 있을 수 있다. 독자의 비평과 지적을 환영한다.

자오정(赵峥)

2021년 5월 베이징에서

차례

제1과

물리학에 드리워진
먹구름 두 조각

『상대성 이론: 특수 상대성 이론과 일반 상대성 이론』

서두에서는 알버트 아인슈타인과 상대성 이론을 다룬다. 먼저 『상대성 이론: 특수 상대성 이론과 일반 상대성 이론』이라는 책을 소개한다. 이 책은 아인슈타인이 직접 저술한 유일한 과학 서적이다. 아인슈타인과 그의 친구 레오폴트 인펠트가 공저자로 되어 있는 『물리는 어떻게 진화했는가』라는 책도 있긴 하지만, 이 책은 실제로는 인펠트가 쓴 것이다. 당시 인펠트는 책을 출판해서 생계 문제를 해결하려 했다. 인펠트는 책의 판매량을 늘리기 위해 아인슈타인에게 저자로 이름을 함께 올려달라고 부탁한다. 아인슈타인은 인펠트의 부탁을 들어주었고, 책에 대해 많은 의견을 제시했기에 이 책도 좋은 책이라고 할 수 있다. 『상대성 이론: 특수 상대성 이론과 일반 상대성 이론』은 비교적 이해하기 쉬운 단어로 특수 상대성 이론과 일반 상대성 이론을 소개한다. 우리는 아인슈타인이 일생 동안 많은 업적을 이루었다는 걸 알고 있지만, 그의 가장 위대한 업적은 상대성 이론이다. 상대성 이론은 특수 상대성 이론과 일반 상대성 이론, 두 부분으로 구성된다. 필자는 『상대성 이론: 특수 상대성 이론과 일반 상대성 이론』 책을 여러분에게 추천한다. 여러분은 상대성 이론을 공부하면서 아인슈타인이 어떻게 그의 난해한 이론을 알기 쉽게 설명하는지 살펴볼 수 있다. 이 책을 보는 사람이 많은 것을 얻게 되리라고 확신한다.

물리학에 드리워진 먹구름 두 조각

〈그림 1-1〉의 사진은 아인슈타인이 특수 상대성 이론을 발표할 무렵으로, 26세 정도 됐을 때의 사진이다. 여러분이 일반적으로 알고 있는 아인슈타인의 사진은 머리는 산발인 채로 입에 담배를 물고 있는, 얼굴에 주름이 가득한 할아버지의 모습일 것이다. 대부분 그 시절의 아인슈타인이 전 세계에서 가장 똑똑했을 거라고 생각하겠지만, 그의 머리가 가장 잘 돌아간 시기는 그때가 아니다. 그의 두뇌가 제일 활발하게 활동한 시기는 〈그림 1-1〉의 26세 무렵이다. 그는 26세에 특수 상대성 이론을 발표했고, 37세에 일반 상대성 이론을 발표했다. 그의 주요 업적은 모두 40세 이전에 이룬 것이다. 사실 모든 과학적 창조와 발명, 특히 이론적인 창조는 대개 젊은 사람에게서 나온다. 중장년이 되면 학문적인 성취, 가르치는 능력, 지식은 풍부해지지만 창의성은 퇴보하기 마련이다. 이전에 과학자들을 소개할 때는 흔히 그들이 일찍 성공해서 유명해진 다음 할아버지 할머니가 된 모습을 보여주곤 했다. 하지만 이런 식으로 과학자들을 소개하면 위대한 업적은

그림 1-1 청년 아인슈타인

모두 나이 든 사람들이 성취한 것이라고 잘못 생각하게 될 수 있다.

아인슈타인에 대해서는 몇 가지 부면으로 나누어서 살펴볼 것이다. 먼저 아인슈타인이 성공한 비결, 그리고 그의 특수 상대성 이론이다. 그다음 일반 상대성 이론을 살펴보고, 마지막으로 상대성 이론의 발전과 아인슈타인이 평생 이룬 업적, 그가 끼친 영향에 관해 소개할 것이다.

1900년 4월에 영국왕립학회는 새로운 세기를 맞이하는 연례 회의를 연다. 당시 덕망이 높은 물리학자였던 켈빈(본명은 윌리엄 톰슨이다-옮긴이) 남작은 회의에 초청받아 물리학의 미래를 전망하는 유명한 연설을 한다. 그는 물리학이라는 큰 건물은 이미 완성되었고, 미래의 물리학자들이 이 건물을 잘 유지하기만 하면 된다고 말했다. 하지만 그는 물리학이라는 맑은 하늘에 두 조각의 먹구름이 드리워졌다는 점을 지적했다. 한 가지 먹구름은 흑체 복사, 또 다른 먹구름은 마이컬슨-몰리 실험과 관련이 있었다.

연례 회의를 한 지 1년이 채 되지 않아 흑체 복사와 관련된 양자론이 제시되었고, 5년이 되기 전에 마이컬슨-몰리 실험과 관련된 상대성 이론이 제시되었다. 이 두 가지 새로운 이론의 출현으로 큰 빌딩처럼 보였던 고전 물리학은 작은 집 정도로 내려앉았다. 두 가지 새로운 이론은 물리학의 새로운 지평을 열었고, 이를 예견한 켈빈 남작은 미래에 대한 식견이 있었다.

200년 동안 지속된 큰 논쟁

먼저 당시 물리학의 연구 배경을 소개한다. 우선, 당시 물리학자들이 빛의 본질을 어떻게 인식했는지 알아보자. 빛의 본질에 대한 인식을 특별히 설명하는 이유는 앞에서 언급한 먹구름 두 조각이 모두 빛과 관련이 있기 때문이다. 한 가지는 흑체 복사와 관련이 있는데, 흑체 복사는 열 복사이고, 열 복사와 빛은 모두 전자기파의 일종으로 파장만 다를 뿐이다. 그리고 또 다른 먹구름인 마이컬슨-몰리 실험은 빛의 속도와 관련이 있다.

당시에 빛에 대한 연구가 어디까지 진행되었는지를 먼저 살펴보자.

빛이 무엇인지에 대해서는 17세기부터 논쟁이 있었다. 르네 데카르트, 크리스티안 하위헌스, 로버트 훅으로 대표되는 집단은 빛이 파동의 일종이라고 생각했다. 아이작 뉴턴을 주축으로 하는 또 다른 집단은 빛이 입자의 일종이라고 생각했다. 이 논쟁이 시작되었을 때는 파동설이 우세했는데 훅, 하위헌스 등이 뉴턴보다 나이가 더 많고 물리학계에서 이미 유명했기 때문이다. 그들은 빛의 파동설이 빛의 반사, 굴절, 직선 전파 등 많은 것을 설명할 수 있다고 생각했다.

뉴턴은 빛이 입자라고 주장했다. 처음에 훅 등은 뉴턴의 관점에 반대했다. 뉴턴은 빛은 입자라는 주장을 이용해 논문 한 편을 썼는데, 그는 이 논문을 영국왕립학회의 〈철학 회보〉에 발표하려고 했다. 하지만 왕립학회의 실험 관리자였던 훅은 이 논문이 터무니없는 주장이라고 생각했다. '빛은 파동인데, 어떻게 입자일 수 있단 말인가?' 이 문제에 대한 답은 이미 명확했기에 훅은 학회 회보에 뉴턴의 논문을 싣는 걸 거절했다. 뉴턴은 화가 나서 그 이후로 다시는 왕립학회에 논문을 보내지 않았다.

뉴턴은 일생 동안 『자연 철학의 수학적 원리』, 『광학』이라는 책 두 권을 썼고, 다른 저서는 없다. 우리는 『운동론(论运动)』도 뉴턴이 쓴 글이라고 알고 있지만 사실 이 글은 뉴턴이 투고한 원고가 아니며, 모두 뉴턴이 그의 친구에게 편지를 쓰거나 다른 사람과 의견을 교환할 때 쓴 사설이다. 뉴턴이 유명해진 다음, 다른 사람이 사설의 내용을 편집해 소제목을 붙여 뉴턴의 글이라고 출간한 것이다. 여하튼 뉴턴의 역학 이론은 널리 인정받았고, 사람들은 '뉴턴의 역학 이론은 정확한데, 빛에 대한 그의 해석도 정확할까?' 하고 궁금해했다. 그래서 사람들은 빛의 입자설을 다시 주목하기 시작하면서 빛의 파동설의 단점에 주목했다. 만약 빛이 파동이라면 간섭 현상이 있어야 하는데, 빛에서는 간섭 현상을 관찰할 수 없었다. 그 결과 뉴턴의 입자설이 우세를 차지한다. 뉴턴의 입자설은 파동설을 꺾고, 1801년(1802년이라는 주장도 있다)에 토마스 영이 이중 슬릿 간섭 실험을 완성할 때까지 100여 년 동안 물리학계를 점령한다. 이중 슬릿 실험에서 관측된 현상은 입자설로는 설명할 수 없었고, 이번에는 상황이 역전되어 파동설이 입자설에 우세해진다.

영국의 토마스 영은 대단한 천재였다. 그는 두 살 때 글을 읽을 줄 알았고, 네 살에는 『성경』을 두 번 통독했으며, 열네 살 때에는 라틴어, 그리스어, 프랑스어, 이탈리아어, 히브리어, 페르시아어, 아랍어 등 다양한 언어를 완벽하게 구사했다. 또 그는 여러 가지 악기를 다룰 줄 알았고, 물리학, 화학, 생물학, 의학, 천문학, 철학 언어학, 고고학 등 영역에서 업적을 세웠다.

토마스 영은 처음에는 의사로서 시각에 대해 연구하여 눈에 난시가 발생하는 원인을 발견했다. 나중에는 광학을 연구하여 빛의 이중 슬릿 간섭 실험을 통해 빛은 파동의 일종이라는 사실을 밝혀낸다. 하지만 이 주장은 많은 사람의 반대에 부딪혔는데, 사람들이 뉴턴처럼 위대한 사람의 이론에는 오류가 존재할 리가 없다고 생각했기 때문이다. 그래서 어떤 사람들은 그에게 몇 가지 질문으로 반문을 했는데, 그중에는 그가 파동설로 설명할 수 없는 질문도 있었다. 나중에 그는 광파는 음파와 다르고, 광파는 종파가 아니라 횡파라는 점을 깨달았다. 그는 광파가 횡파라는 걸 알게 되자 자신의 주장에 대한 반론을 다시 반박했다.

또 그는 빛의 삼원색 이론을 제시하고, 고대 이집트의 로제타석 문자도 해석한다. 이 비석에는 세 가지 문자가 있었는데, 그중 두 가지는 고대 이집트 문자였고, 한 가지는 고대 그리스 문자였다. 당시 사람들은 그중 한 가지 문자를 해석하지 못하고 있었다. 토마스 영은 대조법을 사용해 그중 일부를 해석해서 문자 해석의 실마리를 찾아내 고고학에 큰 공헌을 했다.

또 다른 천재는 프랑스의 장프랑수아 샹폴리옹인데, 그는 로제타석에 있는 문자를 전부 해석했다. 다만 샹폴리옹은 전문 고고학자였지만, 토마스 영은 과학의 여러 분야에서 재능을 드러냈다. 토마스 영이 천재긴 했지만, 그가 뉴턴의 입자설을 반박할 때는 큰 어려움에 직면했다. 영국 사람들은 뉴턴이 그들의 자랑거리이며 매우 위대한 사람이라고 생각했기 때문이다. 그런데 이 토마스 영이라는 자기 분수도 모르는 작자가 감히 물리학의 '시조'인 뉴턴에게 오류가 있다고 주장한 것이다. 그래서 사람들은 토마스 영의 이론을 받아들이지 않았고 그의 저서는 출판되지 못했다. 그는 자비로 자신의 저서를 100부 인쇄했고, 그중 일부만 판매되었다. 나중에서야 사람들은 파동설이 간섭과 회절 현상을 설명할 수 없다는 걸 깨달았고, 결국 그의 이론은 승리한다.

물리학자들을 당혹하게 만든 난제

이제 물리학계의 먹구름 두 조각에 대해 살펴보자. 한 가지는 흑체 복사인데 흑체 복사란 어떤 물체가 열평형 상태에 있을 때의 균일한 열복사를 가리키는 말이다. 이 문제를 연구해야 하는 이유는 무엇인가? 이 문제는 철강을 제조하는 제강과 관련이 있다.

1870~1871년에 일어난 프로이센-프랑스 전쟁에서 프랑스는 패배했다. 패전으로 파리에서는 파리 코뮌이라고 부르는 민중 봉기가 일어났다. 당시 평화 조약에 따라 프랑스는 영토를 포기하고 프로이센에 배상금을 지불해야 했다. 프랑스는 당시에 알자스와 로렌 두 지역을 프로이센에 넘겨주었다. 이 두 지역을 차지하는 건 프로이센에 매우 중요한 문제였다. 이 지역은 프로이센의 루르 지방과 인접해 있었는데 루르 지방에는 탄광은 있지만 철광이 없었고, 알자스와 로렌 지방에는 철광은 있지만 탄광이 없었던 것이다. 이 전쟁으로 탄광과 철광을 모두 차지하고, 많은 전쟁 배상금도 받아낸 프로이센은 공업을 발전시키기로 하고, 감자 주생산국에서 철강 주생산국으로 변모하여 공업화를 실현한다.

공업화의 중요한 지표 하나는 철강 산업의 발전인데, 철강 산업이 발전하려면 제강이 필요하다. 제강의 주요 기술은 용광로의 온도를 제어하는 것인데, 용광로의 온도를 어떻게 측정할 수 있을까? 온도계를 넣어 온도를 측정하는 건 불가능하다! 온도계를 집어넣으면 녹아버리고 말 것이다. 그래서 사람들은 용광로 위에 작은 구멍을 뚫어서 열이 복사되도록 했다. 복사된 열의 온도에 따라 방사 에너지 스펙트럼에 차이가 있다는 걸 발견했기 때문이다. 복사에너지의 파장에 따른 분포를 〈그림 1-2〉처럼 점으로 연결된 그래프로 나타낼 수 있다. 그래프의 높낮이와 폭은 온도에 따라 차이가 있으므로 이를 근거로 용광로의 온도를 추정할 수 있는 것이다.

당시 독일의 물리학자인 빌헬름 빈은 빈 변위 법칙을 도출해냈다(〈식 1-1〉). 이 법칙에 따르면 열복사의 에너지 밀도가 최댓값일 때 그에 대응되는 파장 λ_m과 온도 T의 곱은 상수다. 즉 그래프의 파장을 측정하기만 하면 해당 그래프에 대응되는 온도를 알 수 있다.

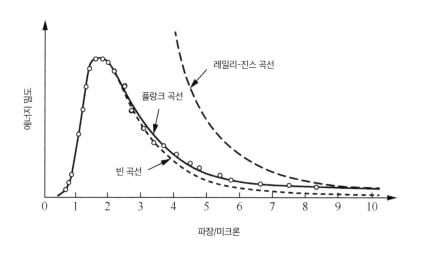

그림 1-2　흑체 복사 곡선

$$\lambda_m T = b \qquad \text{(식 1-1)}$$

　다만 당시 사람들은 이러한 곡선이 관측되는 이유가 무엇인지 알 수 없었다. 당시 영국에서도 철강 산업이 발전하고 있었는데, 영국의 물리학자인 레일리와 진스(진스는 주로 천체물리를 연구했다)는 이 복사 곡선을 해석하기 위한 이론을 제시했다. 그들은 용광로의 노벽 위쪽의 물질을 작은 입자로 간주할 수 있다고 생각했다. 당시 원자론은 사람들에게 완전히 받아들여지지 않았다. 일부 물리학자들은 원자가 물질의 가장 작은 입자이며, 가장 작은 복사체가 원자라고 생각했다. 원자론을 인정하지는 않지만 가장 작은 복사체가 존재한다는 건 인정하는 사람들도 있었다. 당시의 물리학자들은 이러한 복사체가 스프링 같은 조화 진동자(일정한 진폭과 진동수를 가진 삼각함수 형태로 진동자-옮긴이)와 같아서, 복사를 방출할 때는 진동이 줄어들고, 복사를 흡수할 때는 진동이 늘어난다고 생각했다. 이러한 모형에 근거해서 레일리와 진스는 〈그림 1-2〉와 같은 그래프를 도출해낸다.

　이 그래프는 파장이 긴 영역에서는 실험 결과와 잘 부합하지만, 파장이 짧은 영역에서는 무한대로 수렴한다. 짧은 파장은 자외선의 영역이기 때문에 물리학에서는 이 문제를 자외선 파탄이라고 불렀다. 실험 결과와는 다르게 이론적 계산으로는 무한대의 결과가 나온 이유가 무엇인지 사람들은 알 수 없었다.

　빈은 또 다른 모델을 제시했는데, 빈이 제시한 곡선은 〈그림 1-2〉처럼 파장이 짧은 영역에서는 실험 결과와 잘 부합했지만, 파장이 긴 영역에서는 실험 결과에서 벗어났다.

이때 독일의 물리학자인 막스 플랑크가 사람들이 생각지도 못한 이론을 제시한다. 그는 이 그래프를 연구하고 나서, 만약 조화 진동자의 에너지 복사와 흡수가 불연속적으로 일어난다고, 또는 하나씩 일어난다고 가정하면, 실험과 부합하는 결과를 얻을 수 있다는 걸 깨달았다. 당시 물리학자들은 열복사와 빛의 모두 전자기파라는 걸 알고 있었고, 전자기파의 복사를 연속적이라고 생각했기에 열복사도 연속적으로 일어나야 한다고 생각했다. 에너지가 불연속적이라는 개념을 사람들은 이해하지 못했다. 하지만 조화 진동자가 에너지를 복사하고 흡수할 때 에너지가 불연속적이라고 가정하면, 이러한 곡선은 실험 결과에 잘 들어맞는다는 걸 플랑크는 발견했다.

우유부단한 플랑크

플랑크는 자신이 한 발견을 스스로도 믿기 어려워하면서도 다음과 같은 이론을 생각해냈다. 조화 진동자가 에너지를 복사하고 흡수할 때는 불연속이지만, 에너지가 각 진동자를 떠나서 모든 에너지가 함께 섞일 때는 연속이 된다. 그는 자신의 이 이론을 양자론이라고 명명했다. 양자론에 따르면 열복사에는 에너지 양자가 존재하며, 에너지 양자는 조화 진동자의 에너지 준위가 불연속적인 것으로 나타난다. 그리고 전이와 관련된 에너지 준위는 에너지 양자만큼의 차이가 난다. 플랑크는 이 이론이 너무 이해하기 어렵다고 생각해서 초창기에는 본격적으로 알리려 하지 않았다. 그는 교수였기에 잘못된 이론을 발표해서 조롱거리가 되고 싶지 않았다. 그는 자신의 학교에서 이 이론을 소개하는 강연을 할 때 매우 조심스럽게 이야기를 꺼냈다. 하지만 학생들의 반응은 좋지 않았으며 심지어 어떤 학생은 오늘 플랑크 교수의 강연에서는 배울 게 없어서 헛걸음을 했다고 말할 정도였다.

그는 이 발표가 얼마나 중요한 것인지 알았을까? 물론 중요하다는 건 알았겠지만 자신의 이론이 정확한지는 확신하지 못했던 것 같다. 그는 아들과 산책을 하면서 자신의 발견에 대해 이야기했다. 자신이 한 중대한 발견이 정확하다는 걸 증명할 수 있다면, 뉴턴의 업적에 견줄만한 성과가 될 거라고 말이다. 이처럼 그는 자신이 한 발견의 중요성을 알고는 있었지만, 이 발견을 외부에 알릴 때는 소극적인 태도를 보였다. 당시 그는 원자가 에너지를 복사할 때와 에너지를 흡수할 때는 불연속적이라고 하다가, 다시 에너지는 연속적이라고 설명했기에 어떤 사람들은 그의 말을 이해하지 못했다. 어떤 기자가 그에게 에너지는 연속적인지 불연속적인지 질문했을 때 플랑크는 다음과 같이 설명했다. "여기 호수와 물이 담겨 있는 물항아리가 있습니다. 어떤 사람이 물항아리 안의 물을 한 컵씩 퍼낸 다음 호수에 붓는다면, 이 물은 연속적입니까, 아니면 불연속적입니까?"

사람들은 플랑크의 설명을 듣고서야 에너지는 본질적으로 연속적이며, 단지 조화 진동자가 에너지를 복사하고 흡수할 때만 불연속적이라는 걸 이해했다.

빛은 파동인 동시에 입자다

1905년에, 독일의 〈물리학 연보〉(독일에서 가장 중요한 물리학 잡지 중 하나)의 편집진은 논문 한 편을 받게 된다. 이 논문의 저자는 당시에는 이름이 알려지지 않았던 아인슈타인이었다. 그는 플랑크가 주장한 에너지의 양자화 이론에서, 에너지가 조화 진동자를 떠난 이후에 연속적으로 변하는 것이 아니라 에너지가 복사원을 떠난 이후에도 여전히 불연속적인 상태를 유지한다고 생각했다. 이것이 아인슈타인의 광양자 이론이다. 양자는 조화 진동자가 복사하거나 흡수할 때만 불연속적인 것이 아니라, 양자가 전달되는 과정에서도 불연속적이라는 것이다. 아인슈타인은 이러한 관점에서 광전 효과를 설명했다. 〈물리학 연보〉의 편집진은 플랑크에게 이 논문을 살펴보도록 요청했다. 당시 독일은 논문 심사 제도가 제대로 갖춰져 있지 않기 때문에 대략 다음과 같은 과정을 거쳐 글이 발행되었다. 편집진이 보기에 논문에 문제가 없으면 논문을 바로 발행했다. 미심쩍은 부분이 있는 경우는 유명한 전문가에게 의견을 구해서, 전문가가 괜찮다고 생각하는 경우에만 논문을 발행했다. 플랑크는 이 논문을 본 다음 그 논문의 견해는 틀린 것 같다고 생각했다. 플랑크는 에너지가 늘 개별적인 입자로 존재하며, 양자가 계속 분리된 상태를 유지한다는 주장을 받아들일 수 없었다.

하지만 아인슈타인의 이 논문은 광전 효과를 설명할 수 있었다. 물리학은 실험적인 학문이자 측량적인 학문이다. 아무리 그럴듯한 이론이라도 실험 결과를 설명할 수 없다면, 사람들은 받아들이지 못한다. 이상하게 보이는 이론이라고 해도 실험 결과를 설명할 수 있다면 사람들은 억지로라도 수긍한다. 플랑크는 대가의 품격에 걸맞게 자신이 틀렸다고 생각한 이 논문을 발행하는 데 동의한다. 플랑크는 논문 발행에 동의하면서 아인슈타인에게 편지 한 통을 써서 아인슈타인 '교수'에게 이 이론에 대해 설명해 달라고 요청한다. 아인슈타인은 당시에 교수가 아니라 특허청에서 일하는 평범한 직원이었다. 편지를 받은 아인슈타인은 편지를 열어 보고 플랑크가 쓴 편지라는 사실을 믿을 수가 없었다. 그처럼 유명한 물리학자가 그토록 평범한 사람에게 답장을 하다니 말이다. 당시 그의 부인은 빨래를 하는 중이었는데, 이 편지를 보고 우체국 소인이 베를린이니 진짜일 거라고 확신했다. 당시 그들은 스위스에 있었으므로 아인슈타인의 친구들이 베를린까지 가서 이 편지를 보냈을 리는 없다고 생각했던 것이다.

아인슈타인은 다시 편지를 자세히 보고는 정말로 플랑크가 쓴 것임을 깨달았다. 그는 플랑크에게 답장을 써서 자신의 이론을 설명했고, 플랑크는 그의 조수인 라우에를 보내 이 문제에 관해 토론했다. 플랑크는 아인슈타인이 나중에 발표한 몇 편의 논문에서도 큰 역할을 한다. 하지만 플랑크는 오랜 시간 동안 아인슈타인의 광양자 이론에 대해 유보적인 태도를 보였다. 그는 빈에게 보낸 편지에서 아인슈타인의 논문 발표에는 동의하지만, 아인슈타인의 광양자 관점은 분명 틀렸다고 생각한다고 썼다. 이런 상황은 아인슈타인이 특수 상대성 이론을 발표한 이후까지 계속된다. 그가 발터 네른스트와 함께 아인슈타인을 프로이센 과학원의 회원, 카이저 빌헬름 연구소 소장 겸 베를린대학교 교수로 추천할 때, 아인슈타인에 대해 많은 칭찬을 했지만 마지막에 한마디를 더 붙인다. "물론 우리는 젊은이들을 가혹하게 대해서는 안 되네. 우리는 또한 그들이 때로는 실수할 수도 있다는 점을 생각해야 하네. 예를 들면 그의 광양자 이론과 같은 것이지. 하지만 아인슈타인의 이런 실수가 그가 물리학에서 이룬 많은 업적을 가릴 수는 없기에 우리는 그를 추천한다네." 흥미로운 점은 몇 년이 지난 후에 노벨상 위원회가 아인슈타인에게 시상할 때, 수상 이유로 아인슈타인의 광전 효과에 대한 설명과 물리학의 다른 부면의 업적을 꼽았지만, 상대성 이론에 관해서는 언급하지 않았다는 것이다. 그리고 그가 노벨상 수상 통지를 받을 때, 노벨상 위원회의 담당자는 이번 수상에는 그의 상대성 이론과 중력 이론 방면의 업적은 고려되지 않았다고 이야기했다. 이 말에는 이중적인 의미가 내포되어 있었다. 한 가지 의미는 위원회가 아인슈타인의 상대성 이론이 옳다고 말하지는 않았다는 것이다. 또 다른 의미는 이 상을 주는 이유는 아인슈타인이 광전 효과를 설명하고 광양자 이론을 발표한 업적 때문이라는 것이다. 그는 특수 상대성 이론과 일반 상대성 이론으로 노벨상을 다시 수상할 가능성이 있었다. 하지만 노벨상 위원회는 동일한 사람에게 노벨상을 두 번 주려고 하지 않았고, 결국 아인슈타인은 상대성 이론으로 노벨상을 받지 못했다. 정말 우스운 일이 아닌가. 여러분도 노벨상을 그리 중요하게 생각할 필요는 없다. 아인슈타인의 가장 큰 두 가지 업적도 노벨상을 받지 못했기 때문이다.

제 2 과

아인슈타인과
물리학 혁명

결코 영재가 아니었던 아인슈타인

아인슈타인은 1879년에 독일의 울름이라는 작은 마을에서 태어난 유대인이었다. 그의 가족은 곧 뮌헨으로 이사한다. 그의 아버지는 소기업의 사장으로 전기 제품을 생산하는 작은 공장을 운영하고 있었다. 아인슈타인은 뮌헨에서 학창 시절을 보냈다. 아인슈타인은 어렸을 때 말이 늦어서 두세 살 무렵이 돼서야 간단한 단어를 말할 수 있었다. 그의 부모는 아이가 지능에 문제가 있는 건 아닌지 의심스러워서 의사에게 데리고 갔지만, 한참 동안 진찰을 해도 아무런 문제를 발견하지 못했다. 아인슈타인이 말이 늦었던 이유는, 그가 평소에 어른들이 하는 말에 그다지 주의를 기울이지 않고, 자신이 가지고 놀던 물건에만 정신을 쏟았기 때문이다. 그는 긴 시간 동안 집중력을 유지할 수 있었고, 이 장점을 평생 유지한다.

아인슈타인은 9살에 중학교에 입학했는데, 중학생 시절에 매주 주말이 되면 탈무드라는 젊은 유대인 대학생이 아인슈타인의 집을 방문했다. 당시 독일의 유대인 중 중산층 이상의 가정에서는, 주말에 가난한 유대인 대학생을 집으로 초대해 함께 주말을 보내는 습관이 있었기 때문이다. 그래서 탈무드가 아인슈타인의 집에 오게 된 것이다. 의대생인 탈무드는 항상 책을 끼고 다녔다. 아인슈타인은 어렸을 때부터 말하는 걸 그다지 즐기진 않았지만, 탈무드와 함께 이야기 나누는 건 좋아했다. 탈무드는 아인슈타인이 좋아할 만한 과학 서적을 찾아 와서 보여주었다. 이 책들에는 물리학, 화학, 천문학, 그리고 식물, 동물, 광물 등 다양한 내용이 포함되어 있었고, 아인슈타인은 모든 책을 집중해서 보았다. 한 과학 서적에서는 빛을 측량하는 실험에 대해 언급했는데, 실험 결과 측량된 빛의 속도는 광원의 운동 여부와 관계없이 대체로 동일했다. 저자는 빛의 이러한 특성은 아마도 빛의 보편적인, 중요한 법칙일 것이라고 설명했다. 이러한 견해는 아인슈타인에게 큰 영향을 끼쳤다. 한번은 탈무드가 기하학 서적을 가지고 온 적이 있는데, 이때 아인슈타인이 매우 집중하는 모습을 보고 부모님은 나중에 그에게 기하학 교과서를 사준다. 이렇게 그는 학교에서 기하학을 배우기 전에 집에서 기하학 서적을 공부했고, 나중에 유클리드 기하학이 그의 인생에 영향을 미치게 된다.

아인슈타인이 고등학교에 들어갈 무렵, 아버지의 사업 부진으로 그의 가족은 이탈리아로 이사를 가서 아버지 친구 집에서 신세를 진다. 아인슈타인의 아버지는 독일의 교육 수준이 이탈리아보다 낫다고 생각했기 때문에, 아인슈타인이 독일에서 고등학교 교육을 마치기를 바랐다. 그래서 아인슈타인의 아버지는 그를 뮌헨에 남겨두고 명문학교에 입학시킨 다음, 먼 친척에게 아인슈타인을 돌봐달라고 부탁했다.

아인슈타인은 평소에 말수가 적었고, 선생님이나 동급생들과 교류가 별로 없었다. 당시 독일 교육은 일종의 군국주의식 교육 제도였다. 선생님은 학생 앞에서 모르는 게 없고, 무엇이든지 할 수 있는 척 하면서 학생들을 매우 엄격히 대했다. 이를테면 다음과 같은 식이었다. "이 문제를 아직도 풀 줄 몰라? 어떻게 된 거야? 두 번이나 설명해줬는데도 모른다고?" 아인슈타인은 교과서에 있는 문제를 다 풀 수 있었기에 별로 질문하지 않았다. 하지만 탈무드가 준 책에서 본 내용은 흥미로웠기에 아인슈타인은 선생님에게 교과서 밖의 내용에 관해 질문하곤 했다. 이런 질문은 선생님을 난처하게 만들었다. 그는 때로 다음과 같은 질문들을 했다. "세상을 정말 하느님이 창조했나요?", "『성경』의 주장은 모두 맞는 말인가요?" 그러다 보니 선생님은 아인슈타인을 몹시 골치 아프고 성가신 존재라고 생각했다. '이런 전문적인 내용에 관해 질문을 하고, 심지어 성경에 대해 의문을 품다니!' 하고 말이다. 아인슈타인도 스트레스에 몹시 시달렸기에 학교에 계속 다니기가 꺼려졌다. 이때 그의 머릿속에서 한 가지 좋은 생각이 떠올랐다. 바로 그의 가족들이 자주 진찰을 받던 의사를 찾아가 신경쇠약에 걸렸다는 진단서를 받는 것이었다. 그는 반년이나 일 년 정도 휴학하고, 이탈리아로 가서 부모님과 함께 지내면서 스트레스를 풀려고 했다. 이 의사는 탈무드의 형이었기 때문에 아인슈타인에게 흔쾌히 진단서를 끊어준다. 그런데 신경쇠약 진단서를 꺼내기도 전에 그는 학급 담임 선생님에게서 교장 선생님이 찾는다는 전달을 받는다. 교장 선생님은 아인슈타인과 면담 후 그에게 퇴학을 권고했다. 교장은 아인슈타인의 존재가 이 학교의 수치라고 생각했다. 성적은 평범한 주제에 이것저것 의문을 품고, 무신론을 주장했으니 말이다. 게다가 아인슈타인은 유대인이었기 때문에 인종차별적인 요소도 있었다. 교장은 그야말로 아인슈타인을 극도로 혐오했기 때문에, 그를 학교에서 쫓아내고 싶어 했다. 졸지에 퇴학 권고를 받은 아인슈타인은 깜짝 놀라며 이 일을 어떻게 부모님께 설명해야 할지 걱정했다. 하지만 다시 생각해보니 퇴학도 괜찮은 방법이라는 생각이 들었다. 휴학을 하면 나중에 복학해야 하지만, 이번에 아예 퇴학을 당하면 나중에 학교로 돌아올 필요가 없었다. 그래서 아인슈타인은 흔쾌히 학교의 퇴학 권고를 받아들여 자퇴를 했고, 그 후에 알프스 산을 넘어 이탈리아로 가 부모님을 만난다.

고등학교 보충 수업: 가장 행복했던 1년

아인슈타인의 아버지는 부모를 만나러 온 아들을 보고 그가 계속 학교에 다녀야 한다고 생각했다. 학교에 다니지 않으면 나중에 아무 능력도 없이 어떻게 직업을 찾는단 말인가? 아인슈타인도 같은 생각이었는데, 당시 독일에서 남자는 일을 하고 여자는 집에 있었기 때문이다. 직업이 있어야 결혼도 할 수 있었기에 그는 학교에 다녀야 했다. 단 아인슈타인이 이탈리아어에 서투른 데다 이탈리아의 과학 수준 역시 상대적으로 뒤떨어졌기에, 아버지는 그에게 독일로 돌아가서 계속 학교에 다닐 것을 제안했다. 하지만 아인슈타인은 아버지의 제안을 내키지 않아 했고 독일을 싫어했다. 결국 그는 아버지와 오랜 상의 끝에 스위스로 가기로 결정한다. 스위스는 독일어 지역과 프랑스어 지역으로 나누어져 있었고, 독일어 지역은 독일과 동일하게 독일어를 사용했다. 차이가 있다면 군국주의 제도가 아니라는 것뿐이었다. 아인슈타인은 독일어를 사용하는 지역으로 가 취리히연방공과대학교에 지원했다. 아인슈타인은 이과 과목 성적은 그런대로 괜찮았지만, 고등학교 과정을 마치지 못해서 문과 과목 성적이 나빴고, 결국 첫 해 대학 시험에서 낙방하고 만다. 물리학 교수 하인리히 베버(이 베버는 물리학에서 자기 선속 단위의 유래가 된 물리학자 베버가 아니라, 전기공학을 전공한 전기 공학자였다)는 아인슈타인이 물리학을 좋아하는 걸 보고는 이렇게 말했다. "자네는 문과 과목을 보충 공부하게. 공부를 마치고 나서 내년에 다시 학교에 지원하게나. 나는 자네가 학교에서 입학해서 물리학을 공부하고, 내 학생이 되기를 바라네. 만약 보충 공부를 하는 기간에 시간적 여유가 있으면 내 수업을 들으러 와도 좋네. 자네가 와서 내 수업을 청강하는 걸 허락하겠네." 학교장은 아인슈타인에게 그가 고등학교 졸업 증명서만 받아오면 바로 대학에 입학할 수 있다고 말했다. 그래서 아인슈타인은 스위스 아라우 주립 고등학교에 들어가 1년 동안 보충 공부를 한다.

　스위스의 교육은 독일과 달랐다. 군국주의식이 아닌 데다 선생님은 학생과 함께 자유롭게 문제에 관해 토론했고, 공부 이외에도 다양한 활동을 했다. 스위스의 환경을 매우 편안하고 자유롭게 느낀 아인슈타인은 행복한 1년을 보낸 후에, 취리히연방공과대학의 교직 과정에 입학한다. 이 교직 과정은 대학과 고등학교의 수학 선생님과 물리 선생님을 양성하는 과정이었기 때문에, 진행되는 모든 수업이 수학과 물리학 관련 수업이었다.

　아인슈타인은 아라우 고등학교에 있는 1년 동안, 숙제가 많지 않았고 스트레스도 별로 받지 않았기 때문에 많은 문제에 대해 생각했는데, 특히 다음과 같은 문제였다. "빛이 일종의 파동이라면, 빛을 쫓아가면 시간의 변화와 무관한 파동장을 관찰할 수도 있지 않을까?

예를 들어 어떤 사람이 파동의 마루를 따라 함께 달린다면, 이 사람은 파동의 마루가 늘 그를 따라오는 걸 볼 수 있어야 하지 않은가? 하지만 아무도 이런 상황을 관찰한 적이 없는 건 어떻게 된 걸까? 이 질문은 여러 해 동안 그의 머릿속을 맴돌았고, 결국 그가 특수 상대성 이론을 발견하게 되는 계기가 된다.

아인슈타인은 아라우 고등학교에서 보충 공부를 한 시기를 제외하면 초등학교, 고등학교, 대학교에서 좋은 기억이 없었다. 그는 아라우 고등학교 시절을 이렇게 평가했다. "이 고등학교의 자유 정신을 비롯해 외부 권력에 의지하지 않고 성실하고 꾸밈없는 열정을 보여준 교사 덕분에 나는 독립 정신과 창조 정신을 기를 수 있었습니다. 아라우 고등학교는 바로 상대성 이론의 바탕이 되었습니다." 우리는 아인슈타인이 자신이 입학한 대학교가 아닌 보충 수업을 들은 고등학교에서 상대성 이론의 바탕을 마련했다고 말했다는 사실을 주목해야 한다.

취리히연방공과대학교: 무단결석을 하다

그는 취리히연방공과대학교에 입학한 다음, 처음에는 베버 교수의 수업 15개를 신청했다. 그중 10개는 이론 수업이었고, 5개는 실험 수업이었다. 하지만 그는 수업을 들을수록 흥미를 잃어갔다. 전기 공학과 관련된 비교적 실용적인 내용을 주로 다룬 베버의 강의와 달리 아인슈타인이 흥미를 느낀 분야는 에테르와 빛의 전파 속도와 같은 이론적인 부분이었기 때문이다.

하지만 베버는 이런 문제들에 대해 전혀 관심이 없었고, 심지어 여러 번 아인슈타인에게 이렇게 충고했다. "그런 문제들을 파고들지 말게. 자네에게 아무런 쓸모가 없거든. 내 전기 공학 지식이 가장 유용하니 이것만 잘 갖춰도 어려움 없이 직업을 찾을 수 있을 거야." 아인슈타인은 베버와 거리를 두기 시작했고, 베버가 그에게 여러 번 충고했지만 소용이 없었다. 결국 아인슈타인은 베버의 수업에 결석하기 시작한다. 수업을 빼먹었다고 해서 그가 시간을 허투루 보냈다는 건 아니다. 그는 독일 물리학자가 저술한 물리학 교재를 산 다음, 그가 임대한 작은 다락방에 머물면서 책을 읽으며 공부했다. 일반적으로 서양의 대학교는 기숙사 시설이 많지 않기 때문에, 학생 모두에게 기숙사를 제공하지는 않았다. 많은 학생은 학교 주변의 일반 가정집에서 머물렀고, 아인슈타인도 학교 부근에 작은 다락방을 빌렸다.

아인슈타인이 학교를 아예 안 간 건 아니었다. 단 그는 학교 수업이 끝난 5시 이후에만 학교를 드나들었다. 학교에 가서 무엇을 했을까? 그는 학교에 가서 두 가지 일을 했다. 한 가지는 동급생들과 카페에 가서 토론을 하는 것이었다. 동급생들에게 오늘 수업에서 무엇을 배웠는지 질문한 다음, 자신은 책에서 무엇을 배웠는지 이야기하면서 토론했다. 또 다른 한 가지 일은 실험실에 가서 실험을 하는 것이었다. 스위스 학교의 실험실은 개방되어 있었기 때문에, 학생은 언제든지 실험실에 들어가서 실험을 할 수 있었다. 아인슈타인은 거기서 실험을 하면서, 낮에 책에서 본 내용들을 실험을 통해 검증하려고 했다.

학교 수업을 듣지 않았는데, 시험은 어떻게 봤을까? 시험은 그에게 문제가 되지 않았다. 그의 반에서 유일한 여학생인 밀레바는 아인슈타인과 사이가 좋았기 때문에, 그를 위해 수업 내용을 필기했다. 하지만 밀레바가 공부를 잘하는 편은 아니었기에 그녀의 필기에만 의존할 수는 없었다. 마침 그의 반에는 그로스만이라는 학생이 있었다. 그로스만은 전형적인 모범생으로, 매일 양복을 입고 번쩍번쩍 광이 나게 닦은 가죽 구두를 신었다. 그는 교수님을 예의 바르게 대했고, 성적이 좋았으며 글씨도 예쁘게 썼다. 어느 면에서 보더라도 완벽한 모범생이었다. 그로스만은 아인슈타인과 사이가 좋았다. 대학교에 막 입학했을 때는 아인슈타인이 반에서 1등이었고 그로스만이 2등이었다. 이제 아인슈타인은 성적이 떨어져서 그로스만이 1등이었고, 아인슈타인은 하위권으로 내려갔다.

아인슈타인은 매번 시험을 보기 전에 그로스만이 필기한 것을 빌려갔다. 필기해놓은 것을 시험을 앞두고 누군가에게 빌려준다는 건 어려운 일이다. 시험이 끝난 다음이라면 몰라도 시험을 코앞에 둔 시점에서 필기한 걸 빌려주면 어떻게 공부를 한단 말인가? 하지만 그로스만은 남에게 베풀기를 좋아하는 사람이었고, 매번 아인슈타인에게 필기한 것을 빌려주었다. 아인슈타인은 2주 동안 벼락치기를 한 다음에 시험을 보았다. 독자들은 이런 학습 방식이 의미가 있다고 생각하는가? 분명 아무런 의미가 없다. 이때 아인슈타인이 한 실험에서 문제가 생긴다. 그는 실험을 좋아하지 않는 건 아니었지만, 실험 담당 교수가 준비한 실험은 그다지 좋아하지 않았다. 그는 자신이 고안한 실험을 하고 싶어 했다. 실험 담당 교수는 아인슈타인에게 그렇게 하면 안 되며 계속 그러면 졸업할 수 없다고 말했다. 하지만 아인슈타인은 고집을 꺾지 않았고 결국 교수에게 최하점인 1점을 받고 말았다. 한 번은 실험 중에 소규모 폭발 사고를 일으켜서 손에 상처를 입기도 했는데, 그나마 다행히 큰 피해를 내지는 않았다. 학교 교수와 학교 장은 그를 불러 질책했다.

졸업할 때가 되어서 졸업 논문을 써야 했다. 베버는 아인슈타인에게 각종 물질의 열전도율을 측정하는 실험을 제안했다. 반면에 아인슈타인이 하고 싶어 했던 것은 에테르의 지구에 대한 운동 속도를 측정하는 것이었다. 그는 베버의 실험은 의미가 없다고 생각했다. 베버는 에테르가 존재한다고 생각하지 않기 때문에, 아인슈타인에게 그런 터무니없는 물질에는 관심을 거두고 밀레바와 열전도율 실험이나 제대로 진행하라며 충고했다. 그는 교수와 상담하면서 그에게 열전도율과 전기전도율의 관계를 측정할 수 있게 해달라고 했다. 하지만 베버는 그에게 열전도율을 측정할 것을 고집했다. 실험을 완료한 후에 아인슈타인은 6점 만점에 4.5점을 받았고, 밀레바는 4.0점을 받았다. 나중에 졸업 종합 성적은 아인슈타인이 4.9점, 밀레바가 4.0점이었다. 밀레바는 성적이 졸업 기준에 못 미친 탓에 졸업할 수 없었다. 아인슈타인의 성적은 전체 반에서 4등이었고, 뒤에서부터 세면 2등이었는데, 그의 반에는 전부 5명이 있었기 때문이다. 아인슈타인은 대학교를 간신히 졸업한다.

사면초가에 직면한 실업 청년

아인슈타인은 졸업할 때 베버에게 학교에 남아달라는 말을 들을 거라고 생각했다. 당시 그로스만과 또 다른 학생은 이미 수학 교수인 민코프스키 밑에서 조교를 하고 있었기에, 아인슈타인은 베버가 분명 자신을 조교로 채용할 거라고 생각했지만, 베버는 그를 필요로 하지 않았다. 그는 왜 베버가 자신을 조교로 채용할 거라고 생각했을까? 당시 베버는 정말 일할 사람이 필요했기 때문이다. 베버는 지멘스 회사의 사장과 친구였는데, 지멘스 회사의 사장은 취리히연방공과대학에 새로운 전기 실험실을 기증하겠다는 의사를 표시했다. 단 베버가 실험실의 책임자를 맡는다는 조건에서였다. 베버가 당시 그 학교의 교수였기에 문제 될 것은 없었다. 그래서 학교는 흔쾌히 지멘스 사장의 기증을 받아들인다.

아인슈타인은 '베버가 실험실의 책임자가 되었는데, 일할 사람이 필요하지 않을까? 분명 내가 필요할 거야'라고 생각했다. 베버는 그를 필요로 하지 않았고 아인슈타인 반의 다른 사람을 찾지도 않았다. 그는 취리히연방공과대학에서 졸업생 두 명을 찾아 조교로 채용했다. 몹시 실망한 아인슈타인은 어쩔 수 없이 학교를 떠나서 다른 일을 찾았다. 그는 많은 학교에 구직 신청을 했지만 연락이 오지 않았다. 그는 회신할 수 있는 별지가 첨부된 우편엽서를 샀다. 이 별지는 교수들이 편리하게 그에게 회신할 수 있도록 하기 위한 것이었지만 회신은 오지 않았다. 이때 그는 모세관에 대해 연구한 논문 한 편을 발표한다. 이 논문은 그가 유명한 물리학자인 프리드리히 빌헬름 오스트발트의 글을 본 다음 쓴 것이었다. 그래서 그는 오스트발트에게 편지 한 통을 썼고, 편지를 쓰는 김에 자신의 논문도 같이 첨부했다. "존경하는 오스트발트 교수님, 제가 발표한 이 논문을 읽어보셨으면 합니다. 이 논문은 교수님의 글을 읽고 나서 쓴 것입니다. 저는 교수님의 연구에 대해 흥미를 느끼고 있으며, 교수님 옆에서 일하고 싶습니다." 하지만 회신이 오지 않았다. 그는 나중에 오스트발트에게 또 편지 한 통을 쓰면서 이렇게 적었다. "교수님, 죄송합니다. 지난 편지에서 주소를 적는 걸 잊어버렸습니다. 제 주소를 다시 알려 드립니다." 그의 의도는 오스트발트가 자신이 회신을 보내지 않았다는 사실을 깨닫게 하려는 것이었지만, 그래도 회신은 오지 않았다.

그의 아버지는 아들이 이렇게 어려움을 겪는 걸 보고 속상해하다가 아인슈타인 몰래 오스트발트에게 편지 한 통을 보낸다. "존경하는 오스트발트 교수님, 이 늙은이가 번거롭게 편지 보내는 걸 양해해주시기 바랍니다. 저는 정말로 제 아들이 교수님을 매우 존경한다고 생각합니다. 사실 제 아들은 매우 우수한 인재입니다. 교수님이 제 아들과 이야기를 나눠보기만 한다면, 분명 매우 우수한 청년이라고 생각하고 교수님 옆에서 일하도록 할 거라고 생각합니다. 실례를 무릅쓰고 이 편지를 보내는 늙은 아버지를 이해해주길 바랍니다." 하지만 이번에도 회신은 오지 않았다.

살길이 막막했던 아인슈타인은 이 모든 일이 베버가 훼방을 놓아서 벌어졌다고 생각했다. 왜 그런 생각을 한 걸까? 당시에는 대학교의 수가 그리 많지 않았고 전공마다 교수는 한 명뿐이었으며 교수들끼리 서로 알고 지내는 경우가 많았다. 아인슈타인이 대학교에 구직 신청을 하면, 그 대학 교수는 그가 베버의 제자인 걸 알고 베버에게 자신에 관해 물어보지 않았을까? 아인슈타인은 베버가 분명 자신에 대해 좋은 말을 하지 않았으리라 생각했다. 하지만 이건 순전히 아인슈타인의 추측일 뿐 아무런 증거가 없었다.

시간이 흘러 그는 다양한 분야에서 직업을 찾기 시작한다. 그는 베소라는 친구의 외삼촌이 한 대학교에서 부교수로 재직한다는 소식을 듣고는 베소에게 이렇게 말한다. "베소, 혹시 네 외삼촌에게 부탁해서 그 학교 물리학 교수에게 내가 거기서 일할 수 있는지 알아봐 줄 수 있을까?" 아인슈타인은 베소가 곤란해하는 것을 보고 말했다. "아니면 이렇게는 가능할까, 나를 네 외삼촌에게 소개해 주면 내가 네 외삼촌이랑 이야기해볼게." 베소의 외삼촌이 물리학 교수에게 아인슈타인의 채용을 고려해달라고 했다는 이야기가 있지만, 물리학 교수는 아인슈타인을 채용하지 않았다.

막다른 지경까지 몰린 아인슈타인은 신문에 자신이 수학, 물리학, 바이올린을 가르칠 수 있다는 작은 광고를 냈다. 결국 모리스 솔로빈이라는 한 사람만 그를 찾아왔고 나중에 아인슈타인의 친구가 된다. 아인슈타인은 솔로빈과 이야기를 나누고 나서, 두 사람이 많은 문제에 대해 공통된 관심을 가지고 있다는 걸 발견하고는 비용을 받지 않았고, 결국 여전히 돈을 벌지는 못했다. 한 학교 친구가 다른 도시에서 3개월 동안 고등학교 대체 교사로 일할 수 있는 일자리를 아인슈타인에게 소개해 주었는데, 아인슈타인은 감격의 눈물을 흘리며 상대방에게 감사 편지를 보낸다. 이를 보면 당시 그는 확실히 어려움에 처해 있었다는 걸 알 수 있다. 아인슈타인의 아내가 된 밀레바는 자신의 친구에게 다음과 같이 원망을 털어놓은 적이 있다. "우리 남편은 입이 험해. 게다가 유대인이야." 그들은 일자리를 찾는 문제에 인종 차별적인 요소가 있다고 느꼈던 거 같다.

특허청과 자유롭게 공부할 수 있는 아카데미

결국 그에게 도움을 베푼 건 오래된 친구인 그로스만이었다. 그로스만은 자신의 아버지가 베른 특허청의 국장과 안면이 있다는 걸 알고 아버지에게 이렇게 말했다. "아버지의 그 국장 친구 분이 똑똑한 사람을 찾아서 일

을 시켰으면 좋겠다고 말하곤 하지 않았어요? 제 친구 아인슈타인이 적임
자예요. 그 친구분에게 얘기해 보시면 어떨까요?"

아인슈타인의 총명함을 제일 먼저 알아본 사람은 그로스만이었다. 결
국 그로스만의 아버지는 정말로 국장 친구에게 아인슈타인의 이야기를 전
했고 국장에게서 한 번 만나보겠다는 말을 듣는 데 성공했다. 그는 아인슈
타인을 만나고 나서 그럭저럭 괜찮다고 생각했지만, 그가 직접 아인슈타
인을 채용하기에는 어려움이 있었고, 또 의심 받을만한 일은 피하고 싶었
다. 그래서 국장은 특허청에 채용 부서를 만들었고, 거기에 자신이 참여하
지는 않았지만, 채용 부서에서 준비한 질문들에 관해 아인슈타인과 이야
기하면, 아인슈타인이 면접 준비를 잘할 수 있을 거라고 생각했다. 그는 이
렇게 하면 별문제가 없을 거라고 여겼다. 하지만 면접이 끝난 다음, 생각지
도 못하게 채용 부서 담당자는 아인슈타인을 채용할 수 없다고 말했다. 담
당자는 아인슈타인이 이론 부면에서는 그럭저럭 괜찮지만, 실험 부면에서
는 실력이 떨어져서 채용하지 않는 게 좋겠다고 말했다. 국장은 이 정도면
오랜 친구의 요청을 들어주었다고 생각했지만, 한 번 더 아인슈타인을 만
나봐야겠다고 생각했다. 국장은 아인슈타인을 불러서 직접 이야기를 나눈
다음 그를 채용해도 괜찮겠다고 여겼다. 원래는 아인슈타인을 2등급 직원
으로 채용하려고 했지만, 2등급 직원 채용은 불가능했기 때문에 3등급 직
원으로 채용하려고 했다. 국장은 채용 부서 담당자를 설득해서 그를 3등
급 직원으로 채용한다. 3등급 직원은 가장 지위가 낮았지만 공무원에 준
하는 급여를 받았다. 당시 경제적으로 크게 궁핍했던 아인슈타인은 이 취
업으로 형편이 바로 나아졌다.

그는 취업뿐만 아니라 결혼에서도 어려움을 겪는다. 아인슈타인의 집안에서는 세르비아 사람인 밀레바와의 결혼을 반대했다. 주된 이유는 밀레바가 비유대인이라서가 아니었다. 아인슈타인의 여동생은 독일 사람인 아리안족과 결혼했다. 그의 집안이 결혼을 반대한 주된 이유는 다음과 같다. 첫째, 그녀는 차별받는 민족 출신이다. 둘째, 더 중요한 점은 그녀가 장애 때문에 다리를 절룩거린다는 사실이었다. 아인슈타인의 어머니는 내 아들과 어울리지 않는 여자라며 결혼을 반대했다. 하지만 아인슈타인은 어머니의 설득에도 좀처럼 고집을 꺾지 않았다. 결국 아인슈타인은 이렇게 결혼을 반대한다면 밀레바와 더 가깝게 지내겠다며 어머니에게 반항을 하기에 이르렀다. 아인슈타인의 아버지 역시 이 결혼에 동의하지 않았다. 나중에 아버지가 위독해지자 아인슈타인은 급하게 아버지를 보러 간다. 그의 늙은 아버지는 아들이 힘들어하고, 아직도 직장을 찾지 못한 걸 보고는 마음이 약해져 아인슈타인과 밀레바의 결혼을 허락한다. 당시 독일은 남성 중심 가부장제였기 때문에 아버지가 찬성하면 어머니가 반대해도 소용이 없었다. 아인슈타인의 혼인 문제는 이렇게 해결된다.

아인슈타인은 일자리를 찾자마자 밀레바와 바로 결혼한다. 아인슈타인의 어머니는 밀레바가 자신에게 평생 가장 큰 고통을 불러왔다며 몹시 괴로워했다. 그리고 아인슈타인과 밀레바는 결혼하기 전에 여자 아이 한 명을 낳았는데, 이 일을 알게 된 어머니가 밀레바의 부모에게 편지를 써서 밀레바를 비난하는 말을 했다. 이 일로 두 집안 사이는 더 악화된다. 하지만 아인슈타인과 밀레바는 마침내 결혼했고 곧이어 아이 두 명을 갖게 된다.

특허청에서 일자리를 찾은 후, 아인슈타인은 안정된 생활을 할 수 있었다. 특허청의 업무는 다음과 같다. 특허 발명 신청서가 오면 1차 검토 담당 직원이 신청서를 보고 사업성이 있는 수준 높은 발명이라고 생각되면 신청서를 2등급 직원에게 넘겨준다. 2등급 직원에게 통과가 되면 다시 1등급 직원이 그 특허를 검토했다. 만약 1차 검토 담당 직원이 이 발명이 별로라고 생각하면 그 신청서를 3등급 직원에게 보냈다. 3등급 직원이 검토 후 확실히 별로라는 생각이 들면 특허 거절 서신을 보냈다. 3등급 직원이 보기에 그래도 그럭저럭 괜찮은 경우는 2등급 직원에게 재검토를 요청했다. 아인슈타인은 늘 영구기관과 같은 종류의 발명을 검토해야 했다. 그는 이런 비과학적인 발명이 자신의 시간을 낭비한다고 생각했다. 하지만 그중 일부 아이디어는 아인슈타인이 보기에 정말 훌륭했고, 그에게 영감을 주기도 했다. 그 밖에도 특허청의 큰 '장점'은 일이 많지 않아 자기 시간을 가질 수 있다는 점이었다. 그는 자신이 보고 싶어 하는 책을 서랍 속에 넣어두었다가, 주변에 사람이 없으면 서랍을 열어 책을 보곤 했다. 그러다가 상사가 오는 걸 보면 바로 서랍을 닫았다. 특허청 국장은 아인슈타인이 특허청 업무와 관련 없는 책을 보는 걸 몇 번 보았지만, 물리학이나 철학 서적인 걸 알고는 상관하지 않았다. 이처럼 마음이 넓은 국장 덕분에 아인슈타인이 나중에 과학적인 발견을 할 수 있는 환경이 만들어졌다.

　아인슈타인이 특허청에서 일하는 동안 그에게는 또 다른 중요한 사건이 있었다. 그는 베른에서 과학과 철학에 관심이 있는 친구 몇 명을 사귄다. 그들은 휴일에 함께 모여서 책을 읽고 토론을 진행했다. 이 책들은 보통 수학과 물리학 서적이었지만, 지나치게 전문적인 내용은 아니었고, 철학적 색채를 띤 수학 서적이나 물리학 서적이었다. 이 친구들 중에서 솔로

빈은 철학을 전공했지만 물리학을 좋아했고, 또 다른 친구는 물리학 전공, 수학 전공이거나 공학 기술을 전공했다. 그들은 우리는 아카데미 같다면서, 모임 이름을 올림피아 아카데미라고 하자고 농담을 했다. 그들은 아인슈타인을 아카데미 원장으로 불렀는데, 그가 나이는 제일 어리지만, 많은 토론을 주도했기 때문이다. 그들은 우리가 아는 에른스트 마흐의 『역학의 발달과 그 역사적·비판적 고찰』, 앙리 푸앵카레의 『과학과 가설』을 비롯해 많은 책을 읽었다.

이 올림피아 아카데미는 아인슈타인에게 많은 영감과 도움을 주었다. 아인슈타인이 상대성 이론을 발표한 후에 많은 기자들이 아인슈타인과 인터뷰를 하면서 어린 시절 어떤 남다른 점이 있었는지, 학교에서 성적은 어땠는지를 늘 질문하곤 했다. 아인슈타인은 기자들에게 왜 어린 시절에 대해서만 질문하고, 올림피아 아카데미에 대해서는 질문하지 않느냐고 말했다. 이처럼 아인슈타인은 올림피아 아카데미가 그에게 영향을 주었다는 점을 인정했다.

아인슈타인의 기적의 해

아인슈타인은 특허청으로 가기 전에 논문을 발표하기 시작한다. 1901년에, 즉 그가 특허청에서 일하기 전에 그는 논문 한 편을 발표하는데, 이 논문은 앞서 언급한 모세관에 관한 논문이었다. 1902년에는 논문 두 편을, 1903년에는 한 편을, 1904년에는 한 편을 발표한다.

1905년 26세가 되던 해에 아인슈타인은 다섯 편의 논문을 발표한다. 3월에 투고한 논문에서 그는 광전 효과를 설명하고 광양자이론을 제시하는데, 이 논문은 6월에 게재된다. 4월에는 박사 논문을 제출하는데, 박사 논문은 반드시 실험과 관련된 내용이어야 했다. 그의 논문 주제는 분자 크기를 측정하는 새로운 방법이었다. 5월에는 브라운 운동을 설명하는 논문을 투고했고 이 논문은 7월에 출판된다. 6월에는 오늘날 우리가 알고 있는 특수 상대성 이론을 제시한 「움직이는 물체의 전기 역학에 대하여」라는 논문을 제출한다. 이 논문은 9월에 출판된다. 9월에는 또 논문 한 편을 제출했는데 이 논문에서는 $E=mc^2$이라는 중요한 공식을 제시한다. 이제 와서 생각해보면, 그가 1905년에 발표한 논문들에서 박사 학위 논문을 제외한 다른 네 편의 논문은 모두 노벨상을 받을 만한 논문들이다. 현재 노벨상을 받은 많은 논문도 그의 이 논문들에 비할 바가 못 된다. 그래서 1905년을 아인슈타인의 기적의 해라고 부른다.

그렇게 부르는 이유가 무엇일까? 뉴턴은 32세부터 33세(1665~1666년)까지 전염병을 피해 시골에서 지내며 다수의 중요한 업적을 이루었다. 뉴턴의 설명에 따르면 그의 역학 3대 법칙(뉴턴의 운동 법칙), 만유인력 법칙은 그때 생각해낸 이론이다. 또한 미적분과 관련된 발명, 광학과 관련된 아이디어도 모두 그때 제시된 것이다. 그래서 1666년을 뉴턴의 기적의 해라고 부른다.

아인슈타인이 이런 성과를 이룬 다음, 한 기자는 아인슈타인처럼 우수한 인재를 대학교에서 필요로 하지 않는 걸 보면 우리 사회가 얼마나 불공평한지 알 수 있다고 비판했다. 기자는 대학교에서 아인슈타인을 채용했다면 분명 더 많은 업적을 이루었을 것이라고 주장했다. 아인슈타인의 친구였던 수학자 다비트 힐베르트는 특허청이 아인슈타인에게 가장 잘 어울리는 직장이라고 말했다. 업무가 많지 않기 때문이다. 이 직장은 한가하고 자유로웠기 때문에 아인슈타인은 자신이 고민하는 문제에 대해 생각할 수 있었다. 수업 준비를 하거나 강의하러 갈 필요가 없었고, 다른 업무가 쌓여 있지도 않았다. 학교나 연구 기관이 아니었기에 상사에게서 하기 싫은 연구를 떠맡지 않아도 되었다. 아인슈타인은 자신이 하고 싶어하는 연구에 집중할 수 있었다.

1909년 아인슈타인은 모교인 취리히연방공과대학교에 돌아와 일하기 시작한다. 그의 동창인 그로스만이 이미 거기서 수학과 물리학 전공 주임을 맡고 있었기 때문이다. 그로스만은 아인슈타인에게 모교로 돌아와서 일해 달라고 요청한다. 좋은 친구인 그로스만의 요청을 거절할 이유가 없었기에 그는 흔쾌히 수락했고 학교에서 일을 시작한다. 1914년에 그는 독일에 가서 베른대학 교수 겸 카이저 빌헬름 연구소 소장으로 취임하고, 프로이센 과학 아카데미 원장으로 선출된다. 1915년에는 독일에서 일반 상대성 이론을 제시한다(1916년에 정식으로 발표된다). 그는 26세에 특수 상대성 이론을, 36세에 일반 상대성 이론을 발표했다. 26~27세부터 36~37세는 아인슈타인의 일생에서 가장 빛나는 시기였다. 그는 나중에 나치 독일의 박해를 피하기 위해 1933년에 미국으로 가서 프린스턴 고등 연구소(프린스턴 고등 연구원으로 부르기도 한다)에 취직했고, 죽을 때까지 이 연구소에 남았다.

제3과

특수 상대성 이론이란
무엇인가

모든 건 에테르 때문이다

이번 장에서는 특수 상대성 이론의 발견과 특수 상대성 이론의 주요 내용에 대해 다룬다. 빛의 파동설이 빛의 입자설에 승리한 다음, 사람들은 빛이 일종의 파동이라는 걸 깨달았다. 하지만 빛이 파동이라면 매질이 존재해야 한다. 예를 들어 물결파의 매질은 물이고, 음파의 매질은 보통 공기 또는 다른 매개물이다. 그렇다면 아주 멀리 떨어진 항성에서 전달되는 빛의 매질은 무엇일까? 사람들은 아리스토텔레스의 이론을 떠올렸다.

고대 그리스 철학자 아리스토텔레스는 천동설을 주장했는데, 그는 지구가 우주의 중심이며 모든 천체는 지구를 중심으로 돈다고 생각했다. 그중지구에서 가장 가까운 천체는 달이었기 때문에, 아리스토텔레스는 달을 경계로 우주를 천상계(월상계)와 지상계(월하계)로 구분했다. 그는 지구 표면상의 물질을 포함한 지상계의 물질은 모두 아주 고차원은 아니며 부패한다고 생각했다. 하지만 천상계에는 부패하는 물질이 존재하지 않고 천상계는 영원불변하다고 여겼다. 천상계에는 어떤 물질이 존재할까? 아리스토텔레스는 천상계가 투명하고 무게가 없는 에테르라는 물질로 가득 차 있다고 생각했다. 그는 에테르라는 개념을 제시했는데, 이때는 기원전 300년경이다. 에테르설은 모두가 알고 있는 이론이었지만 그동안 농담처럼 받아들였을 뿐이었다. 빛의 파동설이 제기된 이후로, 사람들은 빛은 반드시 매질이 있어야만 전파될 수 있기 때문에 에테르가 정말로 존재할 가능성이 있고, 빛은 어쩌면 에테르가 탄성 진동하는 한 가지 형식일지 모른다고 여겼다. 이때 사람들은 아리스토텔레스의 학설을 한 단계 발전시켜 에테르도 지상계에 존재하며 우리 주위의 물질에는 모두 에테르가 존재한다고 생각했다.

그렇다면 한 가지 질문이 생긴다. 지구 근처와 우주에 모두 에테르가 존재한다면 에테르는 지구에 상대 운동을 하고 있을까 아니면 정지해 있을까? 사람들은 에테르가 지구에 대해 상대적인 정지 상태에 있을 리가 없다고 생각했는데, 지구는 우주의 중심이 아니며, 태양도 우주의 중심이 아니기 때문이다. 에테르가 지구에 대해 정지 상태에 있다면 지구가 우주의 중심이라고 인정해버리는 것과 마찬가지가 아닌가? 그래서 사람들은 지구는 에테르에 대해 상대 운동을 하고 있어야 한다고 생각했다. 1725년에 천문학자 제임스 브래들리는 광행차 현상을 발견하고, 1728년에 광행차 현상이라는 이름을 붙인다. 1810년에 사람들은 이 현상을 다시 검증한다. 이 현상은 지구가 에테르 안에서 움직이며, 지구가 에테르에 대해 상대 운동

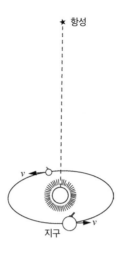

★ 항성

v

지구

그림 3-1　광행차 현상

을 한다는 점을 보여주었다.

광행차가 일어나는 원리는 무엇일까?

〈그림 3-1〉은 광행차 현상의 사례를 설명한다. 지구에 있는 망원경으로 천체를 관측하면 다음과 같은 현상을 발견할 수 있다. 이 망원경으로 동일한 항성을 관측했을 때, 지구가 항성에 대해 상대적으로 오른쪽에서 왼쪽으로 돌 때(독자의 시각)는 망원경을 좌측으로 약간 기울여야 항성을 관측할 수 있다. 지구가 항성에 대해 상대적으로 왼쪽에서 오른쪽으로 돌 때는 망원경을 우측으로 조금 기울여야 항성을 관측할 수 있다. 이것이 광행차 현상이다. 광행차 현상 때문에 망원경으로 하늘의 동일한 항성을 관찰하는 경우, 반년 전 망원경의 각도와 지금 망원경의 각도를 비교해보면 망원경이 항성을 가리키는 각도에 차이가 있다.

이런 현상이 생기는 이유는 무엇일까? 그 이유는 〈그림 3-2〉의 빗방울 받기 실험을 통해 설명할 수 있다. 공기를 에테르로, 빗방울을 빛이라고 가정하자. 바람이 불지 않아서 공기가 빗방울에 대해 정지 상태에 있다면 빗방울은 공기를 통과해 통에 바로 들어간다. 하지만 어떤 사람이 이 통을 들고 한쪽 방향으로 달린다면, 이 사람이 정지 상태에 있고 바람이 반대 방향으로 운동하는 경우와 마찬가지로 생각할 수 있다. 이 사람의 관점에서 빗방울은 비스듬하게 떨어져 내리기 때문에, 빗방울을 통에 받으려면 통을 앞쪽을 향해 일정 각도로 기울여야만 한다.

사람들은 빛이 항성을 떠난 다음 에테르 속에서 에테르에 대해 상대 운동을 한다고 생각했다. 에테르가 지구에 대해 상대적인 정지 상태에 있다면, 망원경을 언제나 한쪽 방향을 향해 놓아도 항성에서 나온 빛이 망원경으로 들어오게 될 것이다. 하지만 실제 관측 결과 망원경의 기울기에는 늘 차이가 있었고, 반년 동안은 이쪽 방향을 향해, 다른 반년 동안은 반대편을 향해 기울었다. 사람들은 지구가 태양을 중심으로 공전할 때 에테르

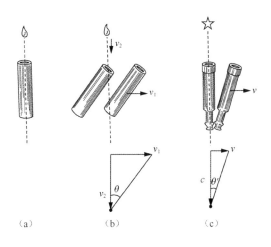

그림 3-2 빗방울 받기 실험

안에서 운동하기 때문에, 망원경의 경통이 이쪽을 향해 기울었다가 저쪽을 향해 기울었다가 하는 것이라고 생각했다. 망원경 경통은 앞서 살펴본 실험의 물통에 해당한다. 이 현상을 광행차 현상이라고 한다. 광행차 현상을 통해 지구는 에테르에 대해 상대적인 운동을 한다는 것을 알 수 있다. 하지만 이 실험은 조잡한 실험이었기 때문에, 마이컬슨과 몰리는 또 다른 실험을 설계해서 에테르의 지구에 대한 상대 운동을 정확하게 측정해보려고 했다.

이 실험과 관련된 구체적인 내용은 길게 다루지 않겠다. 마이컬슨과 몰리는 다음과 같은 실험을 했다. 그들은 빛의 간섭 현상을 측정할 수 있는 간섭계를 준비했는데, 이 기기에는 서로 수직으로 놓인 장치가 있었다. 〈그림 3-3〉처럼 장치 한 개는 지구의 운동 방향과 평행이고, 다른 장치 한 개는 지구의 운동 방향과 수직이다. 〈그림 3-3〉의 v는 에테르의 지구에 대한 상대 운동 속도, 굵은 화살표가 가리키는 v의 방향은 에테르의 지구에 대

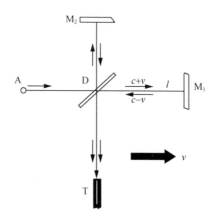

그림 3-3 마이컬슨-몰리 실험 장치 모식도

한 상대 운동 방향을 가리킨다.

에테르가 지구에 대해 운동을 하고 있다면, 빛이 이 두 개의 장치 속에서 움직이는 시간에는 차이가 있기 때문에, 간섭계를 90도 회전시키면 간섭 무늬에 변화가 생길 것이다. 이 실험에 대해 더 알아보고 싶다면 관련된 과학 도서를 찾아볼 수 있다. 여기서는 자세하게 다루지 않겠다. 하지만 사람들을 놀라게 한 점은 빗방울 받기 실험에 비해 더 정밀한 이 실험에서, 빛의 지구에 대한 상대 운동이 관측되지 않았다는 사실이다. 즉 에테르는 지구에 대해 상대적인 정지 상태이며, 지구도 에테르 안에서 운동하지 않는다는 것이다. 그렇다면 광행차 현상에서는 지구가 에테르 안에서 움직이는 것처럼, 즉 지구가 에테르에 대해 상대 운동을 하는 것처럼 보였는데, 이 현상은 어떻게 해석해야 할까? 당시 전자기학 전문가 헨드릭 로렌츠는 다음과 같은 가설을 제시했다. 자 한 개가 있는데, 이 자의 길이를 l_0 라고 하자. 이 자가 속도 v로 에테르 안에서 운동할 때 자의 길이는 줄어든다. 이를 로렌츠 수축이라고 한다. 로렌츠는 마이컬슨-몰리 간섭계 실험에서 에테르의 지구에 대한 상대 운동을 관측할 수 없었던 이유는, 망원경이 에테르에 대해 상대 운동을 할 때 운동 방향에 따라 수축이 일어난다는 점을 고려하지 않았기 때문이라고 주장했다. 만약 이 수축 효과를 고려한다면 간섭 무늬를 관찰할 수 없는 이유를 설명할 수 있다.

사람들이 에테르에 대해 이렇게 관심을 가진 이유는 무엇일까? 지구가 우주의 중심이 아니므로 에테르가 지구에 대해 정지해 있을 수 없다고 생각했기 때문이다. 태양도 우주의 중심이 아니기 때문에 에테르는 태양에 대해서도 정지 상태에 있을 수 없고, 모든 항성은 멀리 있는 태양으로 간주할 수 있다. 그렇다면 에테르는 상대적으로 무엇에 대해 정지 상태에 있을까? 비교적 합리적인 주장은 에테르가 뉴턴이 주장한 절대 공간에 대해 정지 상태에 있다는 것이다.

상대성 이론을 향해서

뉴턴은 절대적인 공간이 존재하고, 또 절대적인 시간이 존재하며, 모든 물질은 이 절대적인 공간에서 절대적인 시간에 따라 운동한다고 주장했다. 에테르는 절대 공간에 대해 정지된 상태여야 한다. 에테르에 대한 지구의 운동 속도를 알아내면 절대 공간에 대한 지구의 운동 속도를 아는 것이었기에 사람들은 에테르에 관심이 많았다. 이 속도는 물리학에서 매우 중요한 값이었다. 하지만 이 속도는 실제로는 측정되지 않았기에 사람들은 매우 이상하게 생각했다.

　로렌츠는 막대 하나가 절대 공간(에테르)에 대해 운동한다면, 운동 방향을 따라 수축이 일어난다고 설명했다. 이 막대는 절대 공간에 대해 정지된 좌표계에 있을 때 길이가 가장 긴데, 그 길이는 l_0다. 이 막대가 운동을 하면 (식 3-1)에서 제시한 것과 같은 수축이 일어나는데, 수축이 일어난 뒤의 길이를 l이라 하며 이 현상을 로렌츠 수축이라고 부른다. 만약 이런 현상이 있다는 걸 인정한다면 마이컬슨-몰리 실험에서 광행차 현상의 모순을 설명할 수 있다. 로렌츠는 이 수축에 실제적인 특성이 있어서, 막대에

$$l = l_0 \sqrt{1 - \frac{v^2}{c^2}}$$

(식 3-1)

수축이 일어날 때 막대를 구성하는 분자와 원자에도 수축이 일어나 크기가 작아지며, 그에 따라 내부의 전하 분포에도 변화가 생긴다고 생각했다.

이 시기에 아인슈타인은 상대성 이론을 생각해낸다.

〈그림 3-4〉에는 두 개의 좌표계가 있다. 한 좌표계를 S좌표계라고 하고 이 좌표계에는 세 개의 좌표축 x축, y축, z축이 있다. 그리고 좌표계의 점 하나가 운동한 시간을 t라 하자. 앞의 좌표계에 대해 상대 속도 v로 운동하는 좌표계를 S'라고 하자. 이 좌표계가 운동할 때 x'축은 x축과 동일한 상태를 유지한다(독자들의 이해를 위해 〈그림 3-4〉에서는 x축과 x'축을 겹치게 그리지는 않았다). 그리고 y'축과 y축은 겹쳐진 상태는 아니지만 평행 상태를 유지하고 z'축과 z축도 평행을 유지한다. 이 좌표계의 점이 운동한 시간을 t'라고 하면, 이 두 좌표계에서 x와 x'사이에는 어떤 관계가 있을까? y와 y', z와 z' 사이의 관계는 무엇이며, t와 t' 사이의 관계는 무엇일까?

(식 3-2)에서 $y=y'$, $z=z'$라는 걸 알 수 있다. 두 점이 운동한 시간도 동일하기 때문에 $t=t'$이다. 그리고 x와 x'의 관계의 경우, 이 운동의 좌표계 S'는 속도 v로 x축을 따라 운동하기 때문에 $x'=x-vt$가 된다.

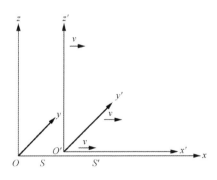

그림 3-4 상대적으로 등속 직선 운동을 하는 두 관성계

$$\begin{cases} x'=x-vt \\ y'=y \\ z'=z \\ t'=t \end{cases}$$

(식 3-2)

이 좌표 변환이 흔히 이야기하는 갈릴레이 변환이다. 이 공식은 한 좌표계가 다른 좌표계에 대해 상대 속도 v로 운동할 때 두 좌표계 사이의 관계를 설명한다. 갈릴레이 변환은 우리가 고등학교 때 배운 평행사변형 법칙과 관련이 있다. 단지 이 법칙을 평행사변형으로 그리지 않고 좌표계로 나타낸 것뿐이다. 하지만 갈릴레이 변환에서는 로렌츠가 예상한 막대 수축을 도출해낼 수 없었다. 그래서 로렌츠는 이 갈릴레이 변환을 수정해서 (식 3-3)에 복잡한 모양의 공식을 만든다. 푸앵카레는 이 변환에 로렌츠 변환이라는 이름을 붙이는데, (식 3-3)을 이용하면 로렌츠 수축 공식을 도출해낼 수 있다.

$$\begin{cases} x'= \dfrac{x-vt}{\sqrt{1-\dfrac{v^2}{c^2}}} \\ y'=y \\ z'=z \\ t'= \dfrac{t-\dfrac{v}{c^2}x}{\sqrt{1-\dfrac{v^2}{c^2}}} \end{cases}$$

(식 3-3)

이 변환은 공식상 갈릴레이 변환보다 복잡하기도 하지만, 갈릴레이 변환과 다른 점이 또 있다. 갈릴레이 변환은 두 개의 동등한 관성계(S계와 S'계는 두 개의 동등한 관성계다) 사이의 변환이다. 로렌츠는 S계는 절대 공간과 에테르에 대해 정지되어 있는 특수한 절대 관성계이며 S'계는 운동하는 관성계라고 생각했다. 따라서 로렌츠는 로렌츠 변환을 제시하면서 사실상 상대성 원리를 포기한 것이다. 그는 모든 관성계가 동등한 것은 아니라고 생각했는데, 예를 들면 막대가 절대 공간에 대해 운동할 때 발생하는 수축과 같은 현상이 있었다.

로렌츠 등 사람들이 막대가 수축할 때 막대를 구성하는 원자의 크기가 줄어드는지와 같은 문제에 관해 토론할 때, 아인슈타인은 새로운 이론을 발표한다. 새로운 이론은 상대성 원리와 광속 불변의 원리라는 두 가지 기본 원리에서 도출된다.

상대성 원리는 "물리 법칙은 서로 다른 관성계에서 형태가 변하지 않는다"는 개념을 가리킨다. 이 새로운 이론에서 도출된 S계와 S'계 사이의 변환은 여전히 로렌츠 변환이었다. 아인슈타인의 이 이론의 핵심 공식은 로렌츠 변환 공식이었고, 로렌츠가 '개조'한 이론의 핵심 공식도 로렌츠 변환 공식이었다. 하지만 이 두 가지 이론의 물리적 해석에는 또 차이가 있었다. 아인슈타인은 이 두 좌표계, S계와 S'계는 동등한 관성계이며, 절대 공간은 결코 존재하지 않고 에테르도 존재하지 않는다고 생각했다. 하지만 로렌츠는 이 두 좌표계가 동등하지 않다고 생각했다. 그는 S계는 절대 공간인 에테르에 대해 정지 상태에 있는 절대 관성계고, S'계는 운동하는 일반 관성계라고 생각했다. 이렇게 이 두 사람의 로렌츠 변환에 대한 해석은 완전히 달랐다. 로렌츠는 상대성 원리는 성립하지 않으며, 절대적인 기준이 되는 관성계가 있고, 에테르와 절대 공간이 존재한다고 생각했다. 아인슈타인은 절대 공간과 에테르는 존재하지 않고, 당연히 절대적인 기준이 되는 관성계도 존재하지 않는다고 생각했다. 아인슈타인은 여전히 상대성 원리를 주장했고 이 원리는 갈릴레이 시대 사람들의 인식과 일치해야 했다. 이처럼 두 가지 이론이 공식은 같았지만 해석은 달랐다. 로렌츠는 나중에 아인슈타인에게 아인슈타인의 이론을 상대성 이론이라고 부르자고 제안했고 아인슈타인도 괜찮은 제안이라고 생각했기에, '상대성 이론'이라는 이름이 정해진다.

동시성의 상대성

여기서는 상대성 이론의 가장 중요한 결론에 대해 다룬다. 그중 한 가지는 '동시성'이라는 개념이 상대적이라는 것과 또 운동하는 막대가 수축하고, 운동하는 점이 느려지는 현상 등에 대해 다룰 것이다. 우선 동시성의 상대성이란 '동시'라는 이 개념이 상대적이라는 것이다.

　버스 한 대가 정류장에 멈춰 있다가 출발했다고 하자. 이 버스 안에는 안내원 한 명과 승객들이 있다. 그중 한 승객이 안내원에게 돈을 내는 사건과 안내원은 승객에게 표를 한 장 주는 사건은 버스 안에서 발생하는 두 가지 사건이다. 이 두 가지 사건은 동일한 위치에서 발생할까? 버스 안에 있는 사람들은 동일한 위치에서 발생한다고 생각할 것이다. 이 승객은 안내원 앞에 서 있고, 승객은 안내원에게 돈을 내고 안내원은 승객에게 표를 주기 때문이다. 하지만 버스 밖에 있는 사람은 동일한 위치가 아니라고 생각할 텐데, 이 승객이 안내원에게 돈을 줄 때는 버스가 아직 정류장에 있지만, 승객이 안내원이 표를 주기를 기다릴 때는 버스가 이미 출발을 해서 몇 미터 움직였기 때문이다. 따라서 두 가지 사건은 동일한 위치에서 발생하는 것이 아니며 서로 다른 좌표계에서 본 결론은 다르다.

하지만 두 가지 사건이 동시에 발생하는가 하는 점에 대해서는, 독자들은 아마 일치된 견해가 있어야 할 거라고 생각할 것이다. 예를 들어 버스가 움직이고 있는데 장난꾸러기 아이 두 명이 폭죽을 터뜨린다. 한 명은 버스 앞쪽에서, 한 명은 버스 뒤쪽에서 동시에 폭죽을 터뜨렸다고 생각해 보자. "펑"하고 폭죽이 터졌다. 차 안에서 폭죽을 터뜨리는 건 불법 행동이기 때문에 경찰이 출동했다. 경찰이 누가 먼저 폭죽을 터뜨렸냐고 묻자, 버스 안에 있던 사람들은 두 사람이 동시에 폭죽을 터뜨렸고, 두 개의 폭죽이 동시에 터졌다고 말했다. 그렇다면 버스 밖에 있는 사람은 어떻게 보았을까? 차 밖에 있는 사람도 물론 폭죽이 동시에 터졌다고 생각했을 것이다. 그렇지 않을까? 이처럼 우리는 "동시"라는 개념이 절대적이며, 운동 좌표계와 정지 좌표계에 있는 사람이 모두 동일한 결과를 볼 거라고 생각한다. 하지만 상대성 이론은 우리에게 이 결론이 틀렸다는 걸 알려준다. 우리가 동시성이 절대적이라고 생각하는 이유는 버스가 매우 천천히 움직이기 때문이다. 만약 버스가 빠르게 움직여서 빛의 속도에 근접할 정도로 빠르게 움직이면, 버스 안에 있는 사람은 두 개의 폭죽이 동시에 터졌다고 생각하겠지만, 버스 밖에 있는 사람은 폭죽 하나가 먼저 터지고 나서 다른 폭죽이 터진 것처럼 느끼게 될 것이다. 이를 동시성의 상대성이라고 한다. 동시성의 상대성은 상대성 이론에서 가장 이해하기 어려운 개념 중 하나다.

시간 팽창

또 다른 내용은 시간 팽창과 움직이는 막대의 수축 현상이다. 먼저 시간 팽창 현상에 대해 살펴보자.

〈그림 3-5〉에 있는 두 개의 각 좌표계에는 시계가 배열되어 있다. S계에서 이 배열된 시계들은 모두 똑같은 빠르기로 움직이도록 동기화가 되어 있다. 또 다른 운동 좌표계 S′에도 시계가 배열되어 있는데, 이 배열된 시계도 동기화가 되어 똑같은 빠르기로 움직인다. 이제 이 두 개의 좌표계가 상대 운동을 하면, 상대성 이론에 따라 시간 팽창 현상이 일어난다. 예를 들어 필자가 S계 안에서 보면 배열된 시계들이 정지된 것처럼 보이고, 상대측에 있는 시계들은 필자 쪽에 있는 시계들 앞을 지나가는 것처럼 보일 것이다. 상대측에 있는 시계 중 하나를 주목해보자. 내 편에 있는 시계와 상대편에 있는 시계 중 어떤 두 개의 시계도 한 번 마주친 이후에는 다시는 마주치지 않기 때문이다. 내 편에 있는 시계들은 모두 시간이 잘 동기화되어 있다. 상대편에 있는 시계 중 하나를 목표로 하자. 예컨대 검은색 시계를 A라고 하면, A가 필자를 지나칠 때 필자는 먼저 A가 필자 쪽에

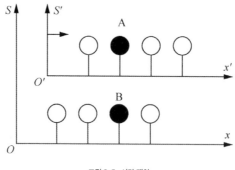

그림 3-5 시간 팽창

있는 첫 번째 시계를 지나갈 때 시간을 비교해본다. 그다음 A가 지나가고 나서, A가 내 뒤에 있는 시계를 순차적으로 지나갈 때 시간을 비교해본다. 내 편에 있는 시계의 순서에 따라 A와 시간을 비교해보면, 내 편에 있는 시계가 느리게 지나간다는 것을 발견한다. 다시 말해서 내가 보기에는 운동하는 시계가 느리게 가는 것처럼 보인다.

S'계의 관측자의 생각은 필자와 완전히 다르다. S'계의 관측자는 자신 쪽에 배열된 시계들이 정지되어 있고, 필자 쪽에 배열된 시계들이 움직이는 것으로 여길 것이다. 그렇다면 S'계의 관측자가 필자 쪽에 있는 시계(예를 들면 점 B)를 주시한다. 필자 쪽에 있는 시계가 그의 앞을 지나칠 때, S'계에 배열된 시계들과 순서대로 비교하면, 그 역시 필자 쪽에 있는 시계들이 느리게 간다는 사실을 발견할 것이다.

두 사람 모두 상대방 쪽에 있는 시계가 움직이는 시계이며, 움직이는 시계가 운동하는 중에 느리게 간다고 여기는데, 이것이 상대성 이론의 한 가지 결론이다. 운동하는 시계의 시간 팽창에 대해 다룰 때, 운동하는 시계는 하나이며 정지한 시계는 배열로 이루어진 시계라는 걸 기억해야 한다. 관측자 쌍방은 자신 쪽에 있는 배열된 시계들은 정지 상태이며, 상대측에 있는 하나의 시계가 운동을 하면서 느리게 간다고 여기게 된다.

(식 3-4)에서 Δt_0는 운동 중인(하나의 점) 점이 움직인 시간이고, Δt는 정지된(배열된 점) 점이 움직인 시간이다. 움직이는 점이 1초 동안 움직였다면 정지한 점은 분명 1초보다 큰 시간 동안 움직여야 한다. 그리고 움직이는 점의 속도가 빠르면 빠를수록 정지한 점들의 시간은 더 느려지게 된다.

$$\Delta t = \frac{\Delta t_0}{\sqrt{1 - \dfrac{v^2}{c^2}}}$$

(식 3-4)

길이 수축

또 다른 효과는 길이 수축으로 〈그림 3-6〉에 묘사한 것과 같은 현상이다. 두 개의 막대는 원래 길이가 같지만, 상대적 운동이 시작되면 필자는 필자의 막대가 필자가 있는 좌표계에서 정지된 상태에 있고, 독자의 막대는 움직이는 것으로 여기게 된다. 필자가 이때 독자의 막대 양 끝의 길이를 측정하면, 독자의 막대의 길이는 줄어든다. 독자는 독자의 막대는 정지된 상태이고, 필자의 막대가 운동하고 있는 걸로 보인다. 필자의 막대가 독자의 앞을 지나갈 때 독자가 필자의 막대 양 끝을 측정해보니, 막대 길이가 줄어들었다. 쌍방이 모두 상대측 막대가 움직이고 있고 막대의 길이가 줄어들었다고 여긴다. 길이가 줄어든 상황은 (식 3-1)로 표현할 수 있다. l_0는 막대가 정지 상태에 있을 때의 길이고, l은 이 막대가 관측자에 대해 운동하기 시작한 후, 관측자가 측정한 막대의 길이다.

이 수축 공식은 로렌츠 수축 공식과 완전히 동일하지만 물리적인 해석은 전혀 다르다. 로렌츠는 절대 공간에 대해 정지 상태에 있는 막대가 가

A 막대가 B 막대에 대해 정지해 있는 상태

A 막대가 B 막대에 대해 운동하고 있고, B 막대의 관점에서 보면, A 막대가 줄어든 것처럼 보인다.

그림 3-6 길이 수축

장 길고, 이 막대에 대해 운동하는 막대가 수축하며, 이것은 절대적인 현상이라고 생각했다. 아인슈타인은 이 현상이 상대적인 현상이며 양쪽 모두 상대방의 막대가 수축했다고 여길 것이라고 생각했다. 양측 모두가 상대방의 막대가 수축했다고 생각하게 되는 이유는 무엇일까? 주된 원인은 동시성의 상대성 때문이다. 생각해보자. 막대 하나가 독자 앞을 지나가는데, 독자는 이 막대의 길이를 재려고 한다. 막대가 정지해 있다면 독자는 막대의 이쪽을 측정하고 나서 저쪽을 측정할 수 있다. 막대가 운동하고 있다면, 막대의 이쪽을 측정하고 나서 다시 저쪽을 측정하는 건 불가능한데, 막대가 이미 지나갔기 때문이다. 독자는 반드시 '동시에' 막대의 양 끝을 측정해야 한다. 바로 독자가 '동시에' 막대의 양 끝을 측정했기 때문에 막대가 짧아졌다고 생각하는 것이다. 이유가 무엇일까? 필자가 보기에는 독자가 '동시에' 필자의 막대 양 끝을 측정한 것이 아니라, 독자가 먼저 이쪽을 측정한 다음 저쪽을 측정했기에 막대가 짧아진 것처럼 느낀 걸로 보이기 때문이다. 마찬가지로 필자가 독자의 막대를 볼 때도, 필자는 독자의 막대 길이를 동시에 측정했고 독자의 막대가 짧아졌다고 생각하지만, 독자는 필자가 동시에 양 끝의 길이를 측정했다고 여기지 않는다. 따라서 쌍방이 모두 상대방의 막대가 운동하고 있는 막대이며, 상대방의 막대가 수축된 것처럼 생각한다.

로렌츠가 아인슈타인보다 먼저 이 수축 공식을 제시했기 때문에 상대성 이론에서는 로렌츠 수축이라는 명칭을 계속 사용했다. 단지 물리적 해석에 차이가 있을 뿐이다.

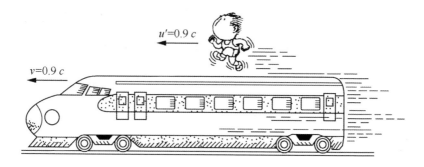

$u'=0.9\,c$

$v=0.9\,c$

그림 3-7 속도의 중첩 설명도

속도를 중첩하면 빛보다 빠른 속도에 도달할 수 있을까

상대성 이론의 또 다른 중요한 결론은 속도의 덧셈과 관련이 있다(아인슈타인의 속도 덧셈 공식이라고 부른다). 상대성 이론에서는 빛의 속도가 최대 속도이며, 이 속도를 넘을 수는 없다고 여긴다. 〈그림 3-7〉을 보면 기차 한 대가 있는데, $0.9c$(c는 빛의 속도다)의 속도 v로 달리고 있을 때, 기차 위에서 어떤 사람이 이 기차에 대해 $0.9c$의 속도 u'으로 달리고 있다.

그렇다면 기차 위에 있는 이 사람의 지면에 대한 속도 u의 크기는 얼마일까? 아마 $u = u' + v$가 되어야 한다고 생각할 텐데, 그러면 $1.8c$가 되지 않는가? 이렇게 되면 분명 빛의 속도를 초월한다. 하지만 (식 3-5)가 상대성 이론에서 속도 덧셈의 공식이다.

$$u = \frac{u'+v}{1+\dfrac{u'v}{c^2}} \qquad \text{(식 3-5)}$$

상대성 이론을 고려하고 나면 공식 $u = u + v'$에는 분모가 있어야 한다.

이 분모를 고려해서 계산해 보면 사람이 지면에 대해 움직이는 속도는 대략 $0.99c$로 빛의 속도에 미치지 못한다. 독자가 이 공식을 이용해서 계산해 보면 절대로 빛의 속도를 넘을 수 없다. 속도의 최댓값은 빛의 속도로 제한되며 속도를 중첩해도 초광속에 도달할 수는 없다.

상대론적 질량은 질량일까 아닐까

먼저 정지 질량과 상대론적 질량의 개념에 대해 다뤄 보자. 여러분은 전자 하나가 정지해 있을 때 질량을 m_0라고 하면 이 전자가 운동할 때는 어떻게 된다고 알고 있는가? 상대성 이론이 탄생하기 전에, 실험을 통해 운동하는 전자의 질량은 커진다는 것이 밝혀졌지만 정량적인 결론은 나오지 않았다. 아인슈타인의 상대성 이론에서 전자가 만약 속도 v로 운동할 때, 전자의 질량 m은 (식 3-6)에 따라 커진다는 것을 알 수 있다. (식 3-6)에서 m_0는 이 전자의 정지 질량이고 m은 상대론적 질량이다. 다시 말해서 전자가 상대론적 질량 m을 가지고 있으면, 상대론적 질량은 정지 질량 m_0에 비해 크고, 전자가 빨리 운동할수록 전자의 상대론적 질량은 더 커진다. 이것이 상대성 이론의 결론이다.

$$m = \frac{m_0}{\sqrt{1 - \dfrac{v^2}{c^2}}}$$

(식 3-6)

  하지만 상대론적 질량이라는 이 개념에 관해서는 논쟁이 존재한다. 아인슈타인은 상대론적 질량과 정지 질량이라는 두 개념을 지지했고, 전자에는 정지 질량이 있고 상대론적 질량도 있다고 생각했다. 하지만 나중에 소련의 물리학자 레프 란다우는 정지 질량만을 질량으로 볼 수 있으며, 상대론적 질량은 질량이 아니라 단지 부호로서 (식 3-6)을 대표하는 관계를 나타낼 뿐이라고 생각했다. 정지 질량만이 질량이라는 걸 인정하면 전자의 질량이 얼마나 되는지를 명쾌하게 설명할 수 있다. 상대론적 질량도 질량이라는 걸 인정하면, 전자의 질량에 관해 이야기할 때, 먼저 전자가 정지 상태인지 아니면 운동 상태인지, 또 운동 속도는 얼마인지를 먼저 확정해야 한다. 또 주의해야 할 점은 상대론적 질량은 스칼라량이 아니라는 것이다. 스칼라량이 아닌 이유는 무엇일까? (식 3-6)의 m 위에는 화살표가 없다. 이 m은 스칼라량이 아닐까? 여기서 말하는 건 4차원 시공간의 스칼라량이다. 4차원 시공간에서 에너지 E는 스칼라량이 아니라 4차원 벡터의 한 가지 구성 요소다. 이 4차원 벡터에는 3차원의 운동량이 있고, 또 다른 한 가지 차원은 에너지다. 만약 m이 상대론적 질량이고 정말로 질량적인 의미가 있다면, 이 상대론적 질량 m도 질량 관계에 따라 스칼라량이 아니며, 에너지처럼 4차원 벡터의 구성 요소가 되는 걸 보게 될 것이다. 하지만 상대론적 질량 m을 질량으로 보지 않고 m_0를 질량으로 보면, 질량은 스칼라량이며 상수다. 이때 전자의 질량은 분명 전자의 정지 질량을 의미한다.

오늘날 상대성 이론과 관련된 학계는 주로 란다우의 견해를 지지한다. 그리고 아인슈타인도 사실 이런 견해를 반대하지 않았다고 말하는 사람들도 있다. 아인슈타인은 확실히 자신의 편지에서 '정지 질량만을 질량으로 간주할 수 있다'는 견해도 일리가 있다고 이야기하긴 했다. 하지만 그는 그의 어떤 논문이나 저서에서도 상대론적 질량은 질량으로 간주할 수 없다고 말한 적이 없다.

만약 질량이 단지 정지 질량만을 의미한다면, 질량은 스칼라량이고 상수가 되는데, 이렇게 가정하면 확실히 장점이 있다. 하지만 이건 질량 보존의 법칙에 어긋난다. 물론 에너지 보존 법칙은 여전히 존재한다. 정지 질량이 m_0인 전자 한 개와 양전자 한 개가 충돌해서 소멸이 발생했고, 소멸된 다음 정지 질량은 0인 상대론적 질량만 있는 광양자가 되었다. 만약 상대론적 질량을 질량으로 간주하지 않는다면, 전자와 양전자의 질량은 없어진 것이 아닌가? 따라서 질량이 더 이상 보존되지 않는 문제가 생긴다. 이 문제는 현재까지 해결되지 않았다. 필자가 일부 입자물리학자와 이 문제에 관해 이야기를 나누었는데, 그들은 여기에 문제가 있다고 생각했다. 그들은 상대론적 질량도 질량으로 간주해야 한다고 생각한다. 따라서 이 문제는 오늘날까지도 논쟁의 여지가 있다.

질량이 곧 에너지일까

아인슈타인은 상대성 이론에는 질량과 에너지 사이 관계가 존재하며 이는 (식 3-7)과 같다고 설명했다.

$$E = mc^2 \qquad \text{(식 3-7)}$$

상대론적 질량을 질량으로 간주한다면, 상대성 이론에서 질량과 에너지 사이의 관계는 간단하게 $E = mc^2$(아인슈타인의 질량-에너지 방정식이라고 한다)으로 표시할 수 있다. 입자 하나가 운동 상태에 있을 때 m은 상대론적 질량을 가리킨다. 이 입자가 정지 상태에 있을 때 m은 정지 질량 m_0를 가리킨다.

(식 3-7)에서 질량과 에너지는 동일한 한 물체의 두 가지 측면을 나타낸다. 이는 질량이 에너지로 전환될 수 있다거나 에너지가 질량으로 전환될 수 있다는 뜻이 아니다. 이 공식은 우리에게 에너지 부족 현상이 그다지 과학적이지 않다는 사실을 알려준다. 에너지는 어디에나 존재한다. 예를 들어 여기 물 한 컵이 있다고 하면 이 물 한 컵에는 매우 큰 에너지가 담겨 있다. 어떤 사람은 물에는 온도가 있어 물 분자가 운동할 때의 에너지가 존재하기 때문에 이 물 한 컵에는 당연히 에너지가 있다고 말할지 모른다. 필자는 물의 내부 에너지에 대해 말하는 것이 아니다. 질량 에너지 관계를 이용해 얻을 수 있는 물의 고유 에너지에 비하면 물의 내부 에너지는 심지어 무시할 수 있을 정도다. (식 3-7)에 의하면 이 물 한 컵이 방출하는 에너지는 대도시 하나를 파괴시킬 정도로 크다. 히로시마에 투하된 원자폭탄은 사실 겨우 1g의 핵물질이 가진 고유 에너지를 열에너지와 빛에너지로 전환시킨 것이었고, 거기서 방출된 에너지가 그렇게 큰 위력을 발휘한 것이다. 따라서 에너지는 어디에나 존재하며, 단지 우리가 그 에너지를 추출할 수 있는 간단한 방법을 찾지 못했을 뿐이다.

또한 우리가 일반적으로 이야기하는 입자계의 운동 에너지는 입자의 상대론적 질량에 c^2을 곱한 값에서 입자의 정지 질량에 c^2을 곱한 값을 뺀 것과 같다. 그렇다면 이 값은 실제로는 (식 3-8)에서 전개된 급수가 된다. 우리가 일반적으로 말하는 운동에너지는 그 중 첫 번째 항에만 해당하는

데, 만약 어떤 물체가 매우 빠르게 운동한다면 상대성 이론의 효과를 고려

해야 해서 (식 3-8)의 나머지 항도 관련이 된다.

$$T = mc^2 - m_0 c^2$$

$$= m_0 c^2 \left[\frac{1}{\sqrt{1 - \dfrac{v^2}{c^2}}} - 1 \right] \qquad \text{(식 3-8)}$$

$$= \frac{1}{2} m_0 v^2 + \frac{3}{8} m_0 \frac{v^4}{c^2} + \cdots$$

제 4 과

쌍둥이 역설과
광속 불변의 원리

행성 여행을 마치고 돌아오자 불가사의한 사건이 발생했다

이제 쌍둥이 역설이라고 하는 많은 사람이 흥미를 느끼는 화제에 관해 살펴보자. 쌍둥이 형제가 지구에 살고 있었다. 어느 날 그중 한 사람이 비행선을 타고 여행을 떠났고, 다른 한 사람은 지구에 남아 생활했다(이하 각각 우주인, 지구인으로 줄여서 지칭-옮긴이). 상대성 이론 연구에 따르면 우주인이 지구에 돌아왔을 때 지구인보다 나이를 덜 먹게 된다. 우주인은 시계를 가지고 갔는데, 이 시계는 원래 지구에 있는 시계와 동일한 시간을 가리키고 있었다. 하지만 우주인이 여행에서 돌아올 때 이 시계는 지구에 있는 시계에 비하면 시간이 더 느리게 지나갔다. 얼마나 더 느리게 갔을까? 계산해 보자.

예를 들어 우주인이 프록시마 켄타우리 항성으로 여행을 갔다고 하자.

프록시마 켄타우리는 태양을 제외하면 우리에게 가장 가까운 항성으로 여기서 약 4.2광년 떨어져 있다. 다시 말해 빛이 4.2년이면 도달할 수 있는 곳으로 매우 가깝다. 지구인은 지구에 남고 우주선에 탄 우주인은 중력 가속도의 3배로 우주선을 가속했다. 우주선의 속도가 지구를 기준으로 초속 25만 킬로미터에 도달했을 때, 연료를 아끼기 위해 엔진을 멈췄다. 우주선이 계속 비행하여 프록시마 켄타우리 항성에 거의 도착했을 때, 속도를 다시 중력 가속도의 3배로 감속하여 프록시마 켄타우리 항성 부근을 방문했다.

감속을 한 이유는 무엇일까? 속도를 줄이지 않으면 충돌하기 때문이다. 그는 속도를 줄여 프록시마 켄타우리에 도착했다. 항성 방문을 마치고 나서 다시 중력 가속도의 3배로 가속을 해서 지구로 되돌아갔다. 이때도 마찬가지로 초속 25만 킬로미터에 도달한 다음 다시 엔진을 멈추고, 우주선이 관성 운동을 해서 돌아가게 한다. 태양계에 가까워졌을 때 우주선을 다시 중력 가속도의 3배로 감속한 다음 지구로 귀환한다. 이렇게 한 번 여행하면 우주인은 몇 년이 지나서 돌아오게 될까? 7년이다. 그렇다면 지구인의 관점에서는 시간이 얼마나 지났을까? 12년이다. 우주인이 지구로 돌아올 때 지구인보다 5살이 젊어지는 것이다. 혹자는 우주인이 건강이 나빠서 더 늙어 보일 수도 있다며, 꼭 5살이 젊어 보이지는 않을 수도 있다고 할지 모른다. 이걸로 문제가 잘 설명되지 않는다면 다음과 같은 예를 살펴보자.

이번에는 태양계에서 2.8만 광년 떨어진 은하계 중심으로 여행을 갔다고 가정하자. 쌍둥이 형제 중 지구인은 지구에 남고, 우주인은 충분한 연료를 가지고 우주선을 타고 은하계에 갔다 돌아왔다. 실제로 중력 가속도의 3배로 가속하면, 체중이 80kg인 사람은 240kg이 되고 신체는 이 가속도를 견디지 못한다. 우주인은 이러한 큰 중력 가속도를 짧은 시간밖에 견딜 수 없고, 오랜 시간 견디는 건 매우 어렵다. 다음과 같은 상황을 가정해 보자. 우주선을 중력 가속도의 2배의 속도로 계속 가속시켰다가, 은하계 중심에서 절반까지의 거리에 도달하면, 은하계 중심에 도착할 때까지 중력 가속도의 2배의 속도로 우주선을 감속시킨다. 그다음 다시 동일한 방식으로 지구로 돌아온다. 이번에는 중간에 엔진을 정지시켜서 관성 비행을 하지 않았다는 점에 유의하자. 관성 비행을 할 때는 무중력 상태이기 때문이다. 가속할 때는 체중이 늘어난 상태였다가, 중간에는 무중력 상태가 되고, 다시 감속할 때 체중이 늘어난 상태가 되면 더 견디기 어려울 것이다. 따라서 처음부터 끝까지 체중이 늘어난 상태가 더 나을 수 있는데, 신체가 오히려 더 쉽게 적응하기 때문이다.

이번 여행은 시간이 얼마나 걸릴까? 우주인은 40년 동안 비행했다고 느끼게 된다. 40년 동안 비행은 좀 길긴 하지만 그래도 받아들일 만한 수준이다. 우주인이 출발할 때 20세고 돌아올 때 60세라면 그나마 괜찮은 축에 속한다. 이때 지구인은 시간이 얼마나 지났다고 느껴질까? 무려 6만 년이다. 만약 정말로 이런 여행을 한다면 지구인은 분명 일찍이 세상을 떠났을 것이다. 그리고 우주인이 지구로 돌아오면 지구에 있는 사람들은 6만 년 전 선조의 귀환을 축하하는 행사를 열 것이다.

쌍둥이 역설은 사실일까

앞서 언급한 이 내용은 사실일까? 물론이다. 이는 상대성 이론을 사용해 계산해 낸 결괏값이다. 여행을 떠난 사람이 젊어 보이는 이유는 무엇일까? 이 질문에 대해 설명하려면 먼저 4차원 시공간에 관해 설명할 필요가 있다. 우리 모두가 서 있거나 앉아 있을 때는 3차원 공간에 있는 것과 같아서 상하, 전후, 좌우 좌표가 모두 정해져서 한 개의 점으로 고정된다. 하지만 4차원 공간에 있을 때는 시간축도 있어서, 점의 공간 위치는 움직이지 않지만 시간축에 평행한 직선을 그릴 수 있다(여기서의 '직선'은 곡선에 상대적인 개념으로, 구부러지지 않은 선을 가리키며, 수학적인 의미의 직선이 아니다). 4차원 시공간에서 한 3차원 공간의 점은 모두 선으로 표현될 수 있다. 어떤 사람은 자신은 움직이지 않았는데 점이 어떻게 선이 될 수 있느냐고 물을지 모른다. 그 이유는 반드시 '시간과 함께 전진'해야 하기 때문이다. 누구나 시간과 함께 앞으로 가야 하고 멈출 수 없기 때문에 반드시 선을 그리게 된다. 만약 정지 상태가 아니고, 등속 직선 운동을 해서 뛰거나 우주선을 타고 비행하면, 4차원 시공간에서 비스듬한 선, 등속 운동을 하는 선을 그리게 된다. 만약 가속하거나 감속을 하면 4차원 공간에서 곡선을 그리게 되는데 이를 세계선이라고 한다.

상대성 이론에서는 세계선의 길이가 바로 이 점이 경과한 시간이라고 간주한다. 예를 들어 독자가 이 4차원 시공간에서 움직이지 않고 하나의 직선을 그리게 되면, 이 선의 길이는 바로 독자가 경험한 시간이다. 독자가 시공간에서 뛰면서 곡선을 그리면 이 곡선의 길이는 독자가 경험한 시간이다. 이제 쌍둥이 중 한 명이 지구에서 움직이지 않을 때, 처음에 P라는 점에 있다고 하자. 단순화시키기 위해서 〈그림 4-1〉에서 x축은 x, y, z, 세 개의 축을 대표한다. 여기 공간 좌표를 표시하면 그는 P지점에서 정지 상태다. 시간 축은 t축이다. 지구의 공전을 무시하면 지구에 있는 형제에 대응되는 세계선은 시간축과 평행한 직선, 〈그림 4-1〉에서 P에서 Q로 이어지는 A선이고, A선의 길이는 바로 지구인이 경험한 시간이다. 그리고 우주인은 가속을 해서 여행을 갔다가 속도를 변화시켜 지구로 돌아와야 하므로, 이에 대응되는 세계선은 B곡선이다. B의 길이 τ는 우주인이 경험한 시간이다. 세계선이 긴 사람은 더 나이를 먹고 세계선이 짧은 사람은 나이를 덜 먹는다. 〈그림 4-1〉을 보면 지구에 있는 사람의 세계선은 직선이고, 여행을 한 사람의 세계선은 곡선이다. 곡선이 직선보다 더 길기에, 지구인은 나이를 덜 먹고 우주인이 나이를 더 먹어야 한다. 그런데 필자는 우주인이 나이를 덜 먹고 지구인이 나이를 더 먹는다고 했는데, 필자가 잘못 생각한 건 아닐까? 필자가 잘못 생각한 게 아니라 곡선이 직선보다 길다는 판단이 잘못된 것이다. 그 이유는 무엇일까? 비유클리드 기하학의 속임수에 빠졌기 때문이다. 4차원 시공간에서는 유클리드 기하학이 성립하지 않는다. 유클리드 기하학에서는 〈그림 4-1〉 상황의 곡선은 직선보다 길고, 두 점 사이의 가장 짧은 선은 직선이다. 직각삼각형의 빗변의 길이의 제곱은 직각을 이루는 변의 길이의 제곱을 더한 것과 같다. 예를 들어 $ds^2 = dx^2 + dy^2$이다. 따라서 빗변은 직각을 이루는 어떤 변보다 길어야만 한다. 이것이 유클리드기하학의 결론이다. 하지만 4차원 시공간의 이 기하학은 비유클리드 기하학으로, 비유클리드 기하학의 시간 성분과 공간 성분은 부호에 차이가 있다. 부호의 차이 때문에 4차원 시공간의 삼각

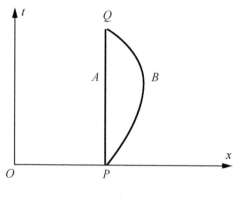

그림 4-1 쌍둥이 역설

형 빗변의 길이의 제곱은 직각을 이루는 변의 길이의 제곱의 차이와 같고, $d\tau^2 = dt^2 - dx^2/c^2$이 된다. 따라서 우주인이 경험한 시간 τ가 짧고, 지구인이 경험한 시간 t가 길다. 다시 말해서 A라는 직선이 B라는 곡선보다 길어지는데, 이것이 바로 상대성 이론의 결론이다.

그렇다면 어떤 사람은 운동의 상대성 때문에 우주인의 관점에서 보면 자신은 움직이지 않고, 지구가 여행을 하고 돌아온 것처럼 여길 거라고 말할 것이다. 이렇게 생각해보면 지구인이 나이를 덜 먹고 우주인이 나이를 더 먹어야 하지 않을까? 그렇지 않다. 우주인의 경우, 확실히 상대적 운동의 관점에서 볼 때는 지구가 여행을 하고 돌아온 것처럼 느낄 것이다. 하지만 우주인이 본 지구가 가속을 해서 멀어졌다가 다시 돌아왔을 때, 이 가속은 가짜라는 문제가 있다. 가짜인 이유는 무엇일까? 가속하는 물체는 반드시 관성력을 받는다. 그런데 지구인은 결코 관성력을 받은 적이 없고, 우주인이 가속하고 감속하면서 관성력을 받았다. 따라서 우주인의 가속이 진짜 가속이고 지구인의 가속은 가짜 가속이다. 따라서 우주인이 나이를 덜 먹는 게 분명하고, 지구인은 분명 우주인보다 나이가 많을 것이다. 이것이 쌍둥이 역설에 대한 상대성 이론의 답변이다.

상대성 원리와 뉴턴 물리학의 분수령, 광속 불변 원리

아인슈타인은 그의 상대성 이론과 뉴턴의 고전 물리 이론의 분수령은 상대성 원리가 아니라 광속 불변의 원리라고 생각했다.

뉴턴의 고전 물리학에서 상대성 원리는 갈릴레이의 상대성 원리였다. "모든 역학 법칙은 서로 다른 관성계에서 서로 동일한 형식을 갖춘다"는 것이다. 다만 아인슈타인 시대에 이미 전자기학이 출현했는데 전자기학 법칙은 모든 좌표계에서 동일할까? 로렌츠는 동일하지 않다고 생각했지만 아인슈타인은 동일하다고 생각했다. 그래서 아인슈타인은 확실히 상대성 원리의 관점을 고수했다. 하지만 다른 일부 물리학자도 전자기학 법칙은 상대성 원리를 만족한다는 데 동의했다. 그래서 아인슈타인은 상대성 이론과 뉴턴 이론의 분수령은 상대성 원리가 아니며, 관건은 광속 불변 원리라고 주장했다.

광속 불변의 원리란 무엇인가? 광속 불변의 원리란 빛의 속도는 광원이 관측자에 대해 운동하는 속도와 관련이 없다는 것이다. 즉 한 광원이 여기서 빛을 보내고 관측자가 옆에서 서서 움직이지 않으면 그가 측정한 빛의 속도는 c다. 만약 관측자가 빛을 마주보고 속도 v로 달린다면 그가 측정한 빛의 속도는 얼마일까? 측정한 속도가 $c + v$가 되어야 한다고 생각하겠지만, 아인슈타인은 달리는 사람이 측정한 속도도 c가 되어야 한다고 주장한다. 만약 이 사람이 속도 v로 빛을 따라서 같이 뛴다면, 그가 측정한 빛의 속도는 얼마일까? 측정한 속도가 $c-v$가 되어야 한다고 생각하겠지만, 아인슈타인은 그가 측정한 속도도 c라고 주장한다. 다시 말해 빛의 속도는 광원이 관측자에 대해 하는 운동과는 관계가 없으며, 이 특징을 광속 불변 원리라고 부른다.

필자는 이전에 푸앵카레가 광속 불변 원리를 언급한 적이 있다는 글을 본 적이 있다. 푸앵카레는 확실히 빛의 속도가 진공 중에서 등방성(어떤 특성이나 속성이 방향에 관계없이 동일하게 나타남-옮긴이)을 가진다고, 즉 왕복하는 빛의 속도는 동일하다고 제안하거나 또는 왕복하는 빛의 속도가 동일하다고 '약정'하거나 '규정'한 적이 있다. 이 '규정'이 있기 때문에 몇 개 지역의 시간을 동기화할 수 있는 것이다. 이 점은 많은 사람이 생각해보지 못한 내용이다. 어떤 사람은 자신에게 시계가 있고 상대방도 시계가 있을 때, 자신이 상대방에게 전화를 걸어 지금 시간이 몇 시인지를 알려주면 상대방 시계의 시간을 동기화할 수 있다고 생각한다. 하지만 전자 신호가 전달되는 데는 시간이 걸린다. 그리고 이 시간이 얼마나 걸리는지 알고 싶다면 먼저 빛의 속도를 정해야 하는데, 빛의 속도 또한 알 수가 없다. 그렇다면 어떻게 해야 시간을 동기화시킬 수 있을까? 푸앵카레는 빛의 속도로 A에서 B까지 가는 속도와 B에서 A까지 가는 속도가 동일하다고 가정해야 한다고 생각했다. 이런 가정이 있어야만 두 지역의 시계의 시간을 동기화하고 빛의 속도를 측정할 수 있다.

푸앵카레의 견해는 옳았으며 아인슈타인도 이 견해를 받아들였다. 하지만 이건 광속 불변의 원리가 아니다. 광속 불변의 원리는 광속은 광원이 관측자에 대해 하는 운동과는 관련이 없다는 것이며, 이것이야말로 진정한 광속 불변의 원리다. 이 원리는 누가 제시한 것일까? 아인슈타인이다! 그가 이 개념을 제안한 유일한 사람이다.

상대성 이론을 제시한 사람은 대체 누구인가

상대성 이론은 하나의 시공간 이론으로 시간과 공간을 하나로, 에너지와 운동량을 하나로 간주한다. 여기서 말하는 상대성 이론은 나중에 사람들이 특수 상대성 이론이라고 부르는 부분으로, 물질이 시공간의 왜곡을 일으키는 상황을 고려하지 않는다. 그렇다면 상대성 이론(특수 상대성 이론)은 누가 제시한 걸까? 사실 상대성 이론의 수많은 결론은 상대성 이론이 탄생하기 전에 많은 연구 결과에서 나왔다. 하지만 상대성 이론을 제대로 정립한 사람은 아인슈타인뿐이다.

로렌츠는 로렌츠 수축이라는 개념을 제시했다. 따라서 상대성 이론에는 여전히 로렌츠 수축이라는 이름이 남아 있다. 단 로렌츠가 제시한 이 수축은 '끼워 맞춘' 것이지만, 아인슈타인이 도출해낸 이 수축은 상대성 이론에서 나온 것이다. 그리고 이 수축 공식을 최초로 제안한 사람은 로렌츠가 아니라 아일랜드의 물리학자 조지 피츠제럴드다. 피츠제럴드의 논문은 1893년에 발표되었고 로렌츠의 논문은 1892년에 발표되었다. 그래서 처음에는 학술계에서는 로렌츠가 먼저 이 수축 공식을 발견했다고 생각했다. 하지만 피츠제럴드는 그가 학생들에게 강의를 할 때 이 수축 공식을 이야기한 적이 있다고 말했다. 그의 학생들도 역시 그 점을 인정했다. 하지만 그의 논문이 로렌츠보다 1년 늦게 발표된 탓에 피츠제럴드는 사망할 때까지 자신이 로렌츠보다 이 공식을 먼저 발견했다는 걸 증명할 수 없었다. 하지만 그가 사망한 이후에 그의 제자는 스승의 업적이 공정하게 인정되어야 한다고 생각했고, 이 제자는 피츠제럴드가 영국의 〈사이언스〉 잡지(미국의 유명한 〈사이언스〉 잡지가 아니다)에 글을 보낸 적이 있었다는 걸 떠올렸다. 피츠제럴드가 글을 보내고 난 후에 이 잡지는 발행이 중지되었기에 사람들은 피츠제럴드의 글이 잡지에 실리지 않았다고 생각했다. 나중에 피츠제럴드의 제자는 이 잡지가 폐간되기 전 발행된 호에서 피츠제럴드의 논문이 개재되었다는 걸 발견했다. 그제야 사람들은 피츠제럴드가 확실히 1889년에 이 수축 공식을 제시했다는 걸 알게 되었다. 이 공식은 로렌츠-피츠제럴드 수축 공식이라고 해야 하며, 또는 피츠제럴드-로렌츠 수축 공식이라고 할 수도 있다.

상대성 이론의 초기 연구에 기여한 인물은 또 있다. 예컨대 푸앵카레는 절대 공간은 존재하지 않는다고 생각했지만 에테르는 존재한다고 생각했다. 사실 에테르가 존재한다고 생각하기만 하면 절대적인 좌표계가 존재한다고 할 수 있기 때문에, 에테르의 존재가 상대성 원리를 철저하게 뒷받침하는 건 아니라고 할 수 있다.

아인슈타인이 특수 상대성 이론을 제시한 유일한 인물이라고 말하는 이유는 무엇일까? 로렌츠는 절대 공간이 있다는 걸 인정했다. 푸앵카레는 절대 공간은 존재하지 않지만, 에테르와 절대적인 좌표계가 존재한다고 생각했다. 아인슈타인은 에테르와 절대 공간 모두 존재하지 않는다고 여겼고 상대성 원리를 철저하게 옹호했다.

이 밖에도 아인슈타인은 광속 불변의 원리를 제시했는데, 이 원리에 따르면 두 가지 사건이 '동시'에 발생하는지의 여부는 서로 다른 좌표계에서 보면 다른 결론이 나올 수 있다. 예를 들어 한 사람은 운동 좌표계에서 관찰하고 한 사람은 정지 좌표계에서 관찰하면, 발생한 두 가지 사건이 '동시'에 발생했는지에 대해서는 두 사람의 의견이 다르다. 만약 정지 좌표계에 있는 사람이 두 가지 사건이 동시에 일어났다고 여기면, 운동 좌표계에 있는 사람은 두 가지 사건이 동시에 발생하지 않았다고 여긴다. 반대로 운동 좌표계에 있는 사람이 두 가지 사건이 동시에 발생했다고 느끼면, 정지 좌표계에 있는 사람은 동시에 발생하지 않았다고 느낀다. 동시성의 상대성은 광속 불변의 원리에서 직접적으로 도출된 것이다. 연구에 따르면 동시성의 상대성은 바로 상대성 이론에서 주된 부분을 이루는 어려운 내용이자 핵심 결론이다. 따라서 아인슈타인이 말한 광속 불변의 원리는 상대성 이론과 이전의 고전적 이론의 분수령이다.

로렌츠는 처음에는 상대성 이론을 반대했지만 나중에는 태도를 바꿨다. 푸앵카레는 죽을 때까지 상대성 이론이 옳다는 걸 인정하지 않았다. 당시에 취리히대학교는 아인슈타인을 초청해서 교수로 임용하기 전 푸앵카레의 의견을 구하면서, 그에게 아인슈타인이 교수로 일할 만한 수준을 갖췄는지 문의했다. 푸앵카레는 편지를 한 통 써서 이렇게 말했다. "아인슈타인은 확실히 새로운 관점을 제시할 수 있는 사람 중 하나이지만, 그는 현재 여러 가지 방향으로 답을 찾고 있습니다. 저는 그의 여러 가지 시도가 실패할 것이라고 생각합니다. 하지만 그중 한 가지 방향이 옳다는 걸 증명한다면 그는 자격이 충분합니다." 이것이 아인슈타인에 대한 그의 평가다. 아인슈타인에 대한 그의 평가를 비웃기라도 하듯이, 역사에 따르면 1905년에 아인슈타인의 새로운 결론이 모두 옳다는 것이 밝혀진다. 푸앵카레는 죽을 때까지도 상대성 이론이 옳다는 사실을 인정하지 않았다. 아인슈타인은 푸앵카레가 상대성 이론을 전혀 이해하지 못한다고 친구들에게 이야기했다.

아인슈타인은 원래 푸앵카레가 상대성 이론에 찬성했으면 하는 큰 바람이 있었다. 어느 회의에서 푸앵카레를 처음 만난 그는 큰 기대를 품고, 푸앵카레가 자신을 지지해주기를 바랐다. 푸앵카레처럼 명성과 인망이 있는 사람에게 지지를 받는다면 사람들이 자신의 이론을 쉽게 받아들일 거라고 생각했기 때문이다. 아인슈타인은 회의에 가기 전에 친구들과 나눈 대화에서 자기가 아직까지 위대한 물리학자를 만나본 적이 없다고 이야기했다. 그러자 농담하기를 좋아한 한 친구가 아인슈타인에게 거울을 한 번도 본 적이 없느냐고 우스갯소리를 했다. 그는 푸앵카레를 만난 다음 크게 실망했고, 돌아와서는 푸앵카레가 결코 상대성 이론을 이해하지 못한다고 말했다. 푸앵카레는 아인슈타인을 높게 평가하지 않는 말을 많이 했고, 얼마 지나지 않아 세상을 떠난다. 그래서 그는 아인슈타인에 대한 자신의 평가를 정정할 기회가 없었다.

여기서는 중국 물리학자 양전닝 선생님이 한 몇 마디 평가로 이번 과를 마친다.

"로렌츠는 가까운 곳만 보고 멀리 보지는 못했다. 푸앵카레는 멀리 보기만 하고 가까운 곳은 보지 못했다. 아인슈타인만이 자유로운 시각을 가지고 가까운 곳과 먼 곳에서 문제를 바라보았으며, 그 결과 상대성 이론의 창시자가 될 수 있었다."

제5과

만유인력은
보편적인 힘이
아니다

아인슈타인은 왜 특수 상대성 이론을 발전시켜야 했는가

여기서는 시공간 왜곡-일반 상대성 이론에 대해 다룬다. 특수 상대성 이론에서는 시간과 공간은 하나의 집합이고, 에너지와 운동량은 하나의 집합이지만, 이 둘 사이에 어떤 관계가 있는지에 대해서는 다루지 않는다. 이 관계가 명확해진 건 아인슈타인이 그의 특수 상대성 이론을 일반 상대성 이론으로 발전시키고 나서다.

아인슈타인의 특수 상대성 이론이 세상에 나오자 사람들은 오류투성이라며 그를 비판했다. 어떤 사람은 철학적 관점에서 그를 비판했는데, 유물주의자들은 그가 유물론적으로 부족하다고 말했고 유심주의자들은 그가 유심론적으로 부족하다고 말했다. 어쨌든 별의별 이야기를 하는 사람이 많았고 아인슈타인은 그들을 상대하고 싶어 하지 않았다.

아인슈타인도 자기 이론에 문제가 있다고 생각했지만 그건 상대성 이론을 이해하지 못한 사람들이 주장한 문제와는 달랐다. 과연 그 문제는 무엇일까? 첫 번째, 상대성 이론은 두 개의 관성계 사이의 변환을 기초로 이루어졌지만 상대성 이론에서의 관성계는 정의할 방법이 없다. 뉴턴의 이론에서는 하나의 절대 공간이 존재하고, 이 절대 공간에 대해 정지 상태에 있거나 등속 직선 운동을 하는 좌표계가 관성계이기 때문이다. 아인슈타인은 절대 공간이 존재하지 않는다고 주장했다. 그렇다면 이 관성계는 어떻게 정의할 수 있을까? 정의하기가 애매한데, 일부 사람들은 이렇게 정의할 수 있다고 생각했다. 하나의 좌표계에서 힘을 받지 않는 질점(물체의 크기나 모양은 무시한, 질량만 고려한 점-옮긴이)이 정지 상태나 등속 직선 운동 상태를 유지할 수 있다면 이 좌표계는 관성계로 볼 수 있다. 다시 말해서 뉴턴의 제1법칙을 사용해 관성계를 정의하는 것이다. 제1법칙이 성립한다면 그 좌표계는 관성계다.

하지만 이렇게 하면 또 다른 문제가 있다. 이 질점에 힘이 작용하지 않는다는 걸 어떻게 알 수 있는가? 아무런 물체와 충돌하지 않았기 때문에 힘이 작용하지 않는다고 말한다면, 물체와 충돌하지는 않았지만 외부장의 영향을 받을 수 있다. 이 질점에 힘이 작용하는지 안 하는지는 알 수 있는 방법이 없다. 이 질점에 힘이 작용하지 않았다는 걸 설명할 수 있는 가장 좋은 방법은, 이 질점이 관성계에서 정지 상태나 등속 직선 운동 상태를 유지하는 상황이 변하지 않는 것이다. 하지만 이렇게 말하는 것도 문제가 있는데, 관성계가 아직 정의되지 않았기 때문이다. 관성계를 정의하려면 힘이 작용하지 않는다는 개념을 사용해야 하고, 힘이 작용하지 않는다는 개념을 사용하려면 관성계라는 개념을 사용해야 한다. 이건 순환 논증의 오류이므로 이렇게 관성계를 정의하는 건 불가능하다. 아인슈타인은 관성계를 정의할 수 있는 방법을 여러 번 생각해보았지만, 관성계가 정말 정의하기 어렵다는 걸 깨달았다.

또 한 가지 어려운 점은 만유인력 법칙을 상대성 이론의 틀에 집어넣을 수 없다는 사실이다. 당시 사람들은 두 가지 종류의 힘이 존재한다는 사실을 알고 있었는데 하나는 전자기력이고, 또 다른 하나는 만유인력이었다. 전자기력은 상대성 이론에 잘 부합했다. 사람들은 맥스웰의 전자기 이론과 갈릴레이 변환 사이에는 모순되는 부분이 있다는 걸 발견했다. 맥스웰의 전자기 이론이 사실상 이미 상대성 이론과 같은 맥락의 이론이었지만, 갈릴레이 변환은 상대성 이론과 같은 맥락을 가지고 있지 않았다. 아인슈타인이 갈릴레이 변환을 로렌츠 변환으로 대체하고 상대성 이론 체계를 완벽하게 수립한 다음, 전자기 이론은 자연스럽게 상대성 이론에 부합되었기에 문제가 없었다. 하지만 만유인력 법칙은 어떻게 표현을 해도 상대성 이론의 형식으로 나타낼 수 없었다. 두 가지 힘의 존재를 모두가 알고 있는데, 그중 한 가지 종류의 힘은 상대성 이론에 부합하지 않았고, 그래서 아인슈타인은 여기에 큰 문제가 있다고 생각했다.

아인슈타인은 어차피 관성계를 정의하기 어렵다면 관성계가 필요 없는 건 아닐까 하고 생각했다. 관성계 개념을 제시한 이유는 상대성 원리를 설명하기 위한 것이고, 단지 물리학 법칙은 모든 관성계에서 동일하다는 걸 말하려는 것이었다. 이제 개념을 확장시켜서 물리학 법칙이 모든 좌표계에서 동일하다고 하면 관성계는 필요하지 않다. 그래서 그는 상대성 원리를 확장시켜 '일반 상대성 원리'의 물리 법칙은 모든 좌표계에서 동일하다는 법칙으로 확장시킨다. 하지만 물리 법칙이 정말로 모든 좌표계에서 동일할까? 비관성계는 관성계와는 분명 차이가 있는데, 비관성계에는 관성력이 존재하지만 관성계에는 관성력이 존재하지 않는다. 예를 들어 움직이는 원판 위에 있는 외부의 힘이 작용하지 않는 질점의 경우, 이 질점과 충돌하는 물체는 없지만, 관성 원심력이 작용한다. 그리고 이 질점이 운동하는 경우에는 코리올리 힘(회전하는 계에서 운동하는 물체에 작용하는 관성력-옮긴이)이 작용한다. 아인슈타인은 '서로 다른 관성계와 비관성계를 동일하다고 할 수 있을까?'라는 중요한 문제에 대해 계속 생각했다. 그는 뉴턴이 인력과 관성력에 대해 한 이야기에서 유의할 만한 논점들이 있다는 걸 떠올렸다.

뉴턴의 양동이 실험은 무엇을 설명하는가

뉴턴의 역학에는 뉴턴의 제2법칙이 있는데 공식은 $F = ma$다. 여기서 질량 m이 사용되고, 만유 인력 법칙에서도 질량 m이 사용된다. 이 두 가지 질량은 동일할까? 동일한 한 가지 질량일까?

아인슈타인은 뉴턴이 그의 저서 『자연 철학의 수학적 원리』에서 질량의 정의에 대해 이야기한 두 단락에 주목했다. 뉴턴은 무엇이 질량이라고 생각했을까? 뉴턴은 질량이란 물리적인 양으로, 물체의 무게와 정비례한다고 생각했다. 다시 말해 그의 정의에 따라 만유인력 효과를 사용해서 질량을 정의하면, 만유인력 효과가 큰 물체의 질량이 크고 만유인력 효과가 약한 물체의 질량이 작다. 이 값은 만유인력 법칙에서 나오는 m인 중력 질량이다. 그리고 뉴턴은 이 저서의 다른 부분에서 물체의 질량은 그 물체의 관성력과 정비례한다는 걸 언급했는데, 이 값은 $F = ma$에 나오는 m인 관성 질량이다. 중력 질량이 관성 질량과 같다는 증거는 없었고, 뉴턴은 이 점을 알았다. 따라서 뉴턴이 중력과 관성력이 모두 질량과 정비례한다고 했을 때, 뉴턴 역시 중력 질량과 관성 질량이 정말로 엄밀하게 동일한지에 대해서는 의문을 품고 있었다.

뉴턴은 절대 공간이 존재한다는 걸 논증하기 위해 〈그림 5-1〉과 같은 양동이 실험을 고안해낸 적이 있다. 이 실험에는 물이 반 넘게 들어 있는 양동이 하나가 있다. 처음에는 양동이는 회전하지 않고 물도 회전하지 않는 정지 상태다. 이때 수면은 〈그림 5-1(a)〉처럼 평평한데, 관성 원심력이 작용하지 않기 때문이다. 이 다음 양동이를 각속도 ω로 회전시키기 시작하면, 양동이는 각속도 ω로 회전하지만 양동이 옆면과 물의 마찰력이 비교적 작아서 물은 회전하지 않고, 수면은 〈그림 5-1(b)〉와 같이 여전히 평평한 상태를 유지한다. 이 다음 물은 점점 양동이에 의해 움직이기 시작해서 양동이와 같이 각속도 ω로 회전하고 수면은 〈그림 5-1(c)〉와 같이 오목한 모양이 된다. 그다음 양동이를 갑자기 정지시키면, 양동이는 회전하지 않고 물은 계속 각속도 ω로 회전하는데, 이때 수면은 〈그림 5-1(d)〉처럼 여전히 오목한 상태를 유지한다. 즉 〈그림 5-1(c)〉와 〈그림 5-1(d)〉이 두 단계에서 물에 관성 원심력이 작용한다. 〈그림 5-1(a)〉와 〈그림 5-1(b)〉의 두 단계에서는 관성 원심력이 작용하지 않는다. 〈그림 5-1(a)〉 단계에서 물은 양동이에 대해 정지 상태에 있고 관성 원심력이 작용하지 않는다. 〈그림 5-1(c)〉 단계에서도 물과 양동이가 모두 회전하기 때문에 물은 양동이에 대해 정지 상태에 있지만, 물에 관성 원심력이 작용하지 않는다. 〈그림

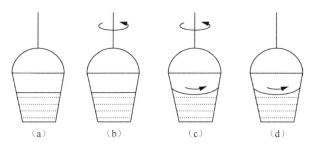

그림 5-1 뉴턴의 양동이 실험

5-1(b)〉 단계에서 양동이는 회전하고 물은 회전하지 않고, 〈그림 5-1(d)〉
단계에서 물은 회전하고 양동이는 회전하지 않는다. 이 두 단계에서 물은
양동이에 대해 회전하고 있지만, 〈그림 5-1(b)〉 단계에서는 물에 관성 원
심력이 작용하지 않고 〈그림 5-1(d)〉 단계에서는 물에 관성 원심력이 작용
한다.

　이렇게 뉴턴은 물이 관성 원심력을 받는가의 여부, 즉 수면이 오목한 형
태로 변하는가의 여부는 물이 양동이에 대해 하는 회전과는 관련이 없다
는 결론을 얻는다. 그렇다면 무엇과 관련이 있을까? 뉴턴은 이 실험이 절
대 공간이 존재한다는 걸 알려준다고 주장했다. 물이 어떤 물체에 대해 회
전하면 물에는 관성 원심력이 작용하지 않는다. 물이 절대 공간에 대해 회
전할 때만 진정한 회전 운동이며, 이때만 관성 원심력이 작용한다. 예를 들
어 〈그림 5-1(c)〉 단계에서 물과 양동이는 모두 회전하고, 물은 양동이에
대해서 회전하지 않지만 절대 공간에 대해서는 회전하기 때문에, 물에는
관성 원심력이 작용한다. 〈그림 5-1(d)〉 단계에서는 양동이는 정지해 있고
물은 회전하고 있는데, 물이 양동이에 대해서 회전하고 있는 건 중요하지
않다. 중요한 점은 물이 여전히 절대 공간에 대해 회전하고 있다는 것으로,

따라서 물에는 관성 원심력이 작용한다. 〈그림 5-1(a)〉, 〈그림 5-1(b)〉 단계에서, 물이 양동이에 대해 회전하고 있는지의 여부 역시 관련이 없다. 이 두 가지 단계에서 물은 절대 공간에 대해 모두 정지해 있기에 관성 원심력이 작용하지 않는다. 따라서 뉴턴은 이 양동이 실험이 절대 공간이 존재한다는 걸 알려주며 회전 운동은 일종의 절대 운동이라는 걸 알려준다고 생각했다. 뉴턴에 따르면 어떤 물체에 대해 회전 운동을 한다고 해서 진정한 회전 운동이 아니라, 절대 공간에 대해 하는 회전 운동만이 진정한 회전 운동이다. 처음에 사람들은 뉴턴의 양동이 실험 결과에 동의하면서 이 실험이 마치 절대 공간의 존재를 정말로 증명한 것처럼 생각했고, 아무도 이 실험에 문제가 있다고 생각하지 않았다.

아인슈타인 시대에 아인슈타인보다 나이 많은 교수인 에른스트 마흐가 있었다. 오스트리아의 물리학자인 마흐는 물체의 초음속 운동을 측량하는 마하 수(Mach number)를 제시한 인물이었다. 마흐는 물리학의 '창시자'가 틀렸다는 엄청난 주장을 했다. 그는 책을 한 권 써서 뉴턴이 틀렸다고 말했다. 그는 절대 공간이란 결코 존재하지 않으며 에테르도 존재하지 않는다고 주장했다. 물에 관성 원심력이 작용하는 이유는, 물이 절대 공간에 대해 운동해서가 아니라 물이 우주의 모든 물질에 대해 회전 운동을 하기 때문이라고 말했다. 이는 물이 움직이지 않는다는 개념과 마찬가지인데, 우주에 있는 모든 물질은 역방향으로 운동하고, 역방향 운동하는 물질은 물에 대해 영향을 줘서 물이 관성 원심력을 받게 한다는 것이다. 즉 관성 원심력은 서로 가속 운동을 하는 물체 사이의 상호 작용으로 생기는 것이다.

아인슈타인은 올림피아 아카데미에서 그의 젊은 친구들과 과학 문제에 대해 토론할 때 마흐의 이 책을 본 적이 있었고 책에서 깊은 인상을 받았다. 그는 마흐가 대단한 인물이며 그의 주장이 옳다고 생각했다. 아인슈타인은 마흐의 주장을 받아들여 관성력도 상호 작용에 의해 생기는 일종의 힘이라고 생각했다. 따라서 아인슈타인은 관성력과 만유인력에는 서로 동일하거나 비슷한 근원이 있다고 여겼고, 마흐의 견해를 더 구체적으로 발전시킨다.

피사의 사탑부터 사과의 낙하 운동까지

독자들은 만유인력 법칙이 어떻게 도출되었는지 생각해볼 수 있다. 최초로 만유인력을 연구한 사람은 갈릴레이다. 전해오는 말에 따르면 갈릴레이는 피사의 사탑에서 자유 낙하 실험을 했다. 서로 질량과 성분이 다른 두 개의 물체를 피사의 사탑 위에서 동시에 떨어뜨려서 자유 낙하하게 하면, 두 물체가 동시에 땅에 떨어진다. 피사라는 지역의 지질 구조에는 문제가 있어서 그 지역에서 사탑(기울어진 탑)은 하나만이 아니었다. 하지만 피사의 사탑은 보통 〈그림 5-2〉의 이 사탑을 가리킨다. 사람들은 갈릴레이가 사탑 위에서 자유 낙하 실험을 했고 두 물체가 동시에 땅에 떨어졌다고 이야기한다. 나중에 이탈리아의 과학사 전문가가 이 이야기에 대해 고증을 실시한다. 고증 결과 누군가가 피사의 사탑에서 자유 낙하 실험을 했을 가능성은 있지만, 갈릴레이가 이 실험을 했을 리는 없다는 사실이 밝혀졌다. 갈릴레이도 자유 낙하 실험을 했을 가능성이 있지만, 절대 피사의 사탑 위에서는 하지 않았다. 비교적 신빙성 있는 견해는 갈릴레이의 주장을 믿지 않

그림 5-2 피사의 사탑

는 몇 명이 피사의 사탑 위에서 이 실험을 했다는 것이다. 그들은 서로 다른 두 개의 물체로 실험을 했는데, 그 결과 두 물체를 동시에 떨어뜨렸지만 두 개의 질량이 다른 물체가 동시에 땅에 떨어지지 않았다. 그래서 피사의 사탑 아래에서 갈릴레이의 주장을 지지하는 사람과 반대하는 사람 사이에 논쟁이 벌어졌고, 갈릴레이를 지지하는 사람은 그들이 양쪽 손에서 물체를 동시에 놓지 않았다는 등의 주장을 했다. 사실 그들이 동시에 물체를 손에서 놓았더라도 공기 저항이 존재하기 때문에 두 개의 물체는 동시에 땅에 떨어질 수 없다. 진공 조건에서 공기 저항을 제거해야만 이 실험을 정확하게 진행할 수 있다. 사실 갈릴레이는 경사면 실험을 하고 나서 자유낙하 운동 법칙을 도출해냈다.

수십 년 후에 뉴턴은 만유인력에 대한 연구를 더 진전시킨다. 그는 만유인력 법칙을 발견한다.

가난한 집안 출신인 뉴턴은 태어나기 전 아버지가 세상을 떠나는 바람에 어린 시절 어렵고 비참한 생활을 했다. 나중에 그의 어머니는 농장을 소유한 목사와 재혼하게 되고, 목사가 세상을 떠난 후 농장을 유산으로 받게 된다. 뉴턴은 대학을 졸업한 이후에 학교에 남아서 일을 했다. 일을 시작한 지 얼마 되지 않아 런던에는 나중에 사람들이 흑사병이라고 부르는 역병이 돌았고, 그는 흑사병을 피해 2년 동안 농장에서 지낸다. 소문에 따르면 그는 늘 나무 한 그루 아래서 어떤 문제에 대해 생각했는데, 어느 날 사과가 나무 아래로 떨어진 바람에 만유인력 법칙을 생각해냈다고 한다. 이 소문은 그다지 신빙성이 없다.

뉴턴과 사과의 이야기는 언제 생겨났을까? 위대한 사상가이자 문학가인 볼테르는 프랑스에서 박해를 받고 나서 영국으로 도피한다. 본래 과학에 무지했던 볼테르는 영국에서 우연히 수만 명이 뉴턴의 장례식에 함께하는 장면을 보고 깊은 감명을 받았다. '얼마나 위대한 인물이기에 장례식에 이렇게 많은 사람이 함께하는 거지? 뉴턴은 어떤 사람일까?' 궁금증이 생긴 볼테르는 뉴턴의 친족을 만나기로 결심한다. 뉴턴은 평생 독신으로 이부 누이동생과 지냈다. 볼테르는 뉴턴의 조카와 그 남편을 만나서 유명한 사과 이야기를 듣고 흥미를 느껴 글 한 편을 쓰게 되는데, 이 일로 전 세계에 뉴턴의 일화가 널리 알려진다. 수십 년 전에 뉴턴은 훅과 만유인력 법칙의 발견 권리를 손에 넣기 위해 격렬하게 싸운 적은 있으나 사과가 땅에 떨어진 이야기를 한 적은 없었다. 뉴턴은 겸손한 사람은 아니었기에 이 이야기가 사실이었다면 그가 아무 말 안 했을 리 없다. 결국 이 이야기는 뉴턴이 만유인력 법칙을 발견한 시기를 수십 년 앞당겨서, 훅이 아무 말도 못 하게 만들었을 것이다. 하지만 뉴턴이 아무런 언급을 하지 않았기에 이 이야기에는 신빙성이 없다. 다만 뭐라고 하든 간에 만유인력 법칙의 주요 발견자가 뉴턴인 건 분명한 사실이다.

아인슈타인의 엘리베이터 실험

필자는 방금 뉴턴은 질량에 대해 두 가지 정의를 내렸다고 말했다. 한 가지 정의는 질량은 물질의 양이며 물체의 무게와 정비례한다는 것이다. 또 다른 정의는 질량은 물체의 관성을 측정한 질량으로 그 물체의 관성 효과의 세기와 정비례한다. 이 두 가지 질량은 서로 동일할까? 알 수 없다. 갈릴레이의 자유 낙하 운동 연구에 따르면, 이 두 가지 질량은 서로 동일해야 한다. (식 5-1)처럼, 식의 좌변에 있는 m_g는 중력 질량이고 g는 중력장의 세기다. 그리고 우변에 있는 건 관성 질량 m_1과 가속도 a다.

$$m_g g = F = m_1 a \qquad \text{(식 5-1)}$$

만약 이 공식에서 a와 g가 같다면, 즉 가속도가 중력장의 세기와 같다면 m_1이 m_g와 같다는 결론을 얻을 수 있고, 중력 질량과 관성 질량이 같다는 말이 된다.

하지만 갈릴레이의 자유 낙하 실험은 매우 조잡했기에, 뉴턴은 갈릴레이의 실험으로 중력 질량과 관성 질량이 같다는 걸 증명하기에는 부족하다고 생각했다. 그래서 그는 단진자 실험을 설계해서 검증을 진행한다. 중학교에 올라간 학생이라면 단진자 운동의 주기는 $2\pi\sqrt{\dfrac{l}{g}}$ 이며, g는 해당 지역의 중력 가속도, l은 진자의 길이라는 걸 배웠을 것이다.

사실 이 공식을 뉴턴의 만유인력 법칙과 제 2법칙에서 도출해낼 때, 근호 안에는 l과 g 이외에도 m_i과 m_g의 두 개 항도 있다. 하지만 일반적으로 이 두 개의 값이 동일하다고 여기기에 m_i과 m_g는 소거되고, 그 결과 우리가 일반적으로 이야기하는 (식 5-2)와 같은 단진자 주기 공식을 얻게 된다. 이 공식을 이용해서 중력 질량과 관성 질력이 동일한지, 또 m_i과 m_g를 간단하게 제거할 수 있는지 여부를 검증할 수 있다. 뉴턴은 실험 측정을 한 다음 이 둘의 차이가 1‰를 넘지 않을 거라고 생각했지만 실험의 정확도가 아직은 부족했다.

$$T = 2\pi \sqrt{\frac{m_i l}{m_g g}} = 2\pi \sqrt{\frac{l}{g}} \qquad \text{(식 5-2)}$$

아인슈타인 시대에 헝가리의 물리학자 로란드 외트뵈시는 비틀림 진자를 이용한 10^{-8}의 정밀도의 실험에서 중력 질량과 관성 질량의 차이를 측정해내지 못했다.

아인슈타인은 중력 질량과 관성 질량이 정확히 서로 동일하다는 걸 알게 된 다음, 한 번은 사무실에서 어떤 사람이 위층에서 떨어지면 어떻게 느낄까 하는 의문을 떠올렸다. 아인슈타인은 이 사람은 자신이 무게를 느끼지 못해서 무중력 상태 느낌을 받을 거라고 생각했다.

아인슈타인은 깨달음을 얻었다. 그는 나중에 이 생각이 상대성 이론의 계기가 되었다고 말했다.

그는 〈그림 5-3〉과 같은 엘리베이터 실험(승강기 실험이라고도 한다)이라고

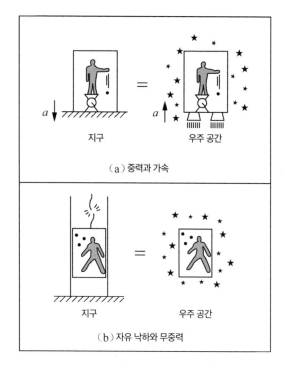

그림 5-3 엘리베이터 실험

하는 사고실험 한 가지를 구상한다.

이 사고실험은 다음과 같다. 엘리베이터 안에 사람 한 명이 있는데 이 사람은 외부 세계를 볼 수 없다. 이 엘리베이터는 지구 표면에 정지해 있고 엘리베이터 안의 사람은 사과를 손에 들고 있다. 이 사람의 발밑에는 저울이 있어 사람이 지구 인력을 받으면 눈금이 표시된다. 이 사람이 사과를 손에서 놓는 건 자유 낙하 운동이다. 하지만 이 엘리베이터가 인력의 영향을 받지 않는 우주 공간에 있고, 위쪽으로 가속도 a로 가속하면, 이 엘리베이터는 아래쪽으로 관성력을 받는다. 이 관성력으로 엘리베이터 안에 있는 사람은 자신의 무게를 느끼고 그가 사과를 손에서 놓는 것도 자유 낙하 운동이 된다. 따라서 엘리베이터 안에 갇힌 사람은 그가 지구에서 정지 상태에서 중력을 받고 있는지, 아니면 지구에서 멀리 떨어진, 인력의 영향을 받지 않는 곳에 있는지 구분할 수 없다. 인력의 영향을 받지 않는 곳에서 엘리베이터가 가속하면 관성력이 작용하기 때문이다. 또한 이 사람이 행성 간 여행을 하다가 도중에 엔진을 정지시키면, 관성력을 받지 않기 때문에 무중력 상태를 느끼게 된다. 만약 엘리베이터가 지구 표면보다 위쪽에 있는데 엘리베이터 위쪽의 밧줄이 끊어져서 자유 낙하 운동을 하면, 엘리베이터 안에 있는 사람도 동일하게 무중력 상태를 느끼게 된다. 따라서 그는 자신이 지구의 표면 위에서 자유 낙하 운동을 하고 있는지, 아니면 모든 천체에서 떨어진 곳에서 엔진을 정지하고 자유롭게 관성 운동을 하고 있는지 구분할 수 없다. 그는 관성력과 만유인력을 구분할 수 없다. 다시 말해서 무한하게 작은 영역에서는 만유인력과 관성력을 구분할 수 없는데 이를 등가 원리라고 한다. 하지만 이 원리는 한 점의 범위에서만 성립하며 두 점이 있다면 관성력과 만유인력을 구분할 수 있다.

만유인력이 보편적인 힘이 아니라고 말하는 이유

등가 원리란 "만유인력과 관성력이 동일하다"는 원리다. 일반 상대성 원리는 관성계든 비관성계든 모든 좌표계는 모두 동등하다는 것이다. 이 두 가지 원리는 바로 아인슈타인이 일반 상대성 이론을 창조하는 기초가 된다. 일반 상대성 이론에는 한 가지 중요한 의미가 담겨 있는데, 만유인력은 보편적인 힘이 아니라 시공간의 왜곡이 표현된 것이라는 사실이다. 이 점은 갈릴레이의 자유 낙하 실험에서 이끌어낼 수 있다. 진공 상태에서 자유 낙하 실험을 하면, 물체의 질량과 화학적 성분과 관계없이 물체의 낙하 법칙은 모두 동일하게 적용된다. 그리고 조금 더 생각을 넓혀서, 예를 들어 진공 상태에서 철로 된 공 하나와 나무로 된 공 하나를 발사체로 삼아 용수철을 이용해 발사했다고 생각해보자. 이 두 개의 공의 발사 각도가 동일하다면 이 두 개의 공이 발사될 때 초기 속도도 동일하다. 그렇다면 이 두 개의 공은 철로 된 공이든 나무로 된 공이든 질량과 화학적 성분에 관계없이 공중에서 동일한 궤적의 포물선을 그린다. 이렇게 되는 이유는 무엇일까?

많은 이들은 계속 그 이유를 생각하다가 결국에는 도무지 모르겠다고 할 것이다. 하지만 아인슈타인은 여기서 만유인력은 기하학적 효과일 수 있다는 점을 떠올렸다. 만약 기하학적 효과라면 물체의 포물선 궤적은 물체의 질량, 화학적 성분과는 정말로 아무런 관계가 없다. 그의 견해에 따르면 만유인력은 사실상 시공간 왜곡의 표현이며, 만유인력은 힘이라고 볼 수 없다. 그렇다면 지구상의 자유 낙하 운동은 일종의 관성 운동이며 행성의 공전 운동도 일종의 관성 운동이다.

좀 더 자세히 설명해보면 다음과 같다. 예를 들어 필자가 컵 하나를 떠받치고 있는데, 뉴턴의 이론에 따르면, 이 컵에는 중력이 작용하고, 필자의 컵에 대한 수직항력도 작용한다. 이 두 개 힘의 알짜힘은 0이기 때문에, 컵은 움직이지 않고 관성 상태에 있다. 필자가 컵을 손에서 놓으면, 컵은 만유인력의 영향만을 받으며 이 컵은 등속 가속 직선 운동을 하여 땅으로 떨어진다. 이 운동은 관성 운동이 아니라는 것이 뉴턴 이론의 해석이다. 아인슈타인의 이론에 따르면, 필자가 컵을 받치고 있을 때 컵에는 필자의 컵에 대한 수직항력이라는 한 가지 종류의 힘만 작용하며 만유인력은 힘이 아니다. 따라서 컵의 알짜힘은 0이 아니고, 이 컵의 상태는 관성 상태가 아니다. 그리고 필자가 컵을 손에서 놓으면, 컵은 만유인력의 영향만 받지만 만유인력은 힘이 아니기 때문에 이 자유 낙하하는 물체는 힘을 받지 않는 운동을 한다. 즉 자유 낙하하는 물체의 운동은 관성 운동이다.

마찬가지로 지구가 태양 주위를 공전할 때 지구에는 힘이 작용할까? 뉴턴의 이론에 따르면 지구는 만유인력의 영향을 받는다. 우리는 뉴턴의 만유인력 법칙으로부터 케플러의 행성 운동에 관한 세 가지 법칙을 도출해낼 수 있다. 하지만 일반 상대성 이론에 따르면, 만유인력은 힘이 아니기에 지구가 태양 주위를 공전하는 운동 역시 아무런 힘이 작용하지 않는 관성 운동이다. 흥미로운 점은 갈릴레이가 관성 운동 개념을 제시했을 때, 정지 상태는 관성 운동에 속하며 등속 직선 운동도 관성 운동이라고 말한 적이 있다는 것이다. 이 밖에도 그는 등속 원운동도 관성 운동이라며 틀린 주장을 하기도 했다. 하지만 우리는 일반적으로 과학자들이 옳게 말한 내용들은 가져와 사용하지만, 틀리게 말한 내용에 관해서는 언급하지 않곤 한다. 그래서 후세 사람은 그의 이 틀린 주장에 대해서는 잘 모른다. 갈릴레이가 등속 원운동이 관성 운동이라고 한 이유는 무엇일까? 그는 분명 행성이 태양 주위를 공전하는 운동이 멈추지 않고 일어나며, 어떤 힘도 작용하지 않는 것처럼 보인다는 걸 생각했을 것이다. 당시 사람들은 행성의 공전 운동이 등속 원운동이라고 생각했고, 그래서 갈릴레이는 등속원운동도 관성 운동이라고 생각했다. 갈릴레이가 틀렸다는 걸 모두가 알았지만, 사실 그의 틀린 주장에는 맞는 부분도 있다는 걸 사람들은 나중에 알게 된다. 행성의 공전 운동은 원운동이 아니라 타원운동이며, 아인슈타인의 상대성 이론에 따르면 만유인력의 영향을 받는 타원 궤도 운동은 정말 관성 운동이다.

일반 상대성 이론이 묘사하는 시공간 왜곡을 어떻게 이해해야 할까? 네 사람이 침대시트 한 장을 잡아당긴다고 상상해보자. 침대시트를 네 방향으로 잡아당기자 시트는 평평해졌고, 이 위에 유리구슬 하나를 놓는다. 유리구슬을 굴리면 구슬은 등속직선운동을 하는데, 이 운동은 물체가 평평한 시공간에 있을 때의 운동을 표현한다고 볼 수 있다. 만약 이 침대 시트 위에 투포환처럼 무거운 공을 놓으면 침대 시트는 오목해진다. 다시 유리구슬을 이 위에 놓으면, 이 유리구슬은 무거운 공을 향해 굴러간다. 이 무거운 공을 지구로 생각해볼 수 있고, 유리구슬을 필자의 손에 있는 컵으로 생각해볼 수 있다. 뉴턴의 해석에 따르면 유리구슬이 굴러가는 이유는 무거운 공이 만유인력으로 유리구슬을 끌어당기기 때문이다. 즉 지구가 만유인력으로 이 컵을 끌어당기기 때문에 컵이 자유 낙하하는 물체가 되는 것이다. 아인슈타인의 일반 상대성 이론에 따르면, 무거운 공(지구)은 공간을 왜곡시킬 뿐이며, 왜곡된 공간에서 자유로운 질점(컵)이 하는 관성 운동이 유리구슬이 무거운 공을 향해 굴러가는 것이다. 또한 무거운 공을 태양으로 간주하고 유리구슬을 지구로 간주하면, 유리구슬을 던져 오목해진 침대 시트 위에서 무거운 공 주위를 회전하게 할 때 이 유리구슬은 왜 궤도에서 벗어나지 않을까? 뉴턴의 해석은 무거운 공의 만유인력이 유리구슬을 붙잡고 있기 때문이다. 아인슈타인의 해석은 무거운 공(태양)이 주변 공간을 왜곡시켜 왜곡된 공간에서 유리구슬(지구)이 무거운 공 주위를 돌고, 이 운동은 관성 운동이기 때문에 유리구슬은 궤도를 벗어나지 않는다는 것이다.

제 6 과

왜곡된 시공간, 일반 상대성 이론

유클리드 기하학에서 비유클리드 기하학까지

유클리드 기하학은 기원전 3세기에 제시된 수학 이론으로 그중 다섯 번째 공준, 즉 우리가 잘 알고 있는 평행선의 공준에서, 이 공준과 동치인 명제는 다음과 같다. "직선 위에 있지 않은 점에서 직선과 평행한 직선을 그릴 수 있으며, 평행한 직선은 하나만 그릴 수 있다." 이 공준은 길이가 길어서, 많은 이들은 다른 공리와 공준으로 평행성 공준을 증명해낼 수는 없을까 하고 생각했지만, 2000년 동안 증명해내지 못했다.

상황이 변하기 시작한 건 19세기 초가 되어서였다. 헝가리에는 보여이 야노시라는 젊은 수학자가 있었다. 그는 반증법을 이용해 이 문제를 생각하면서 직선 위에 있지 않은 점에서 두 개 이상의 평행선을 그릴 수 있다는 가정을 하고, 오류를 끌어내려고 했다. 하지만 오랫동안 연구를 해봐도 오류를 도출해낼 수 없었다. 어느 날 보여이는 직선 위에 있지 않은 점에서 두 개 이상의 평행한 직선을 그릴 수 있다고 가정하고, 이 가설로 유클리드 기하학의 평행 공준을 대체하면 하나의 기하학 체계를 세울 수 있지 않을까 하는 생각이 번뜩 들었다. 그는 자신의 이 생각을 편지로 아버지에게 알리면서 자신의 논문을 같이 첨부했다. 그의 아버지는 수학 교수로, 아들이 평행 공준을 연구하고 있다는 말을 처음 들었을 때 아들을 매우 걱정하면서 이런 문제를 연구하지 말라고 권고했다. 자신이 이런 문제를 연구한 탓에 결국 일생 동안 큰 업적을 이루지 못했다며 말이다. 하지만 이때 보여이는 이미 비교적 완벽한 이론을 세웠으며, 그의 아버지는 아들의 완벽한 논문을 보고 매우 기뻐서, 그 논문을 그의 오래된 동창인 가우스에게 편지로 보냈다. 가우스는 논문을 보고 나서 이렇게 회신했다. "나는 사실 자네 아들을 칭찬할 수가 없네. 그를 칭찬하는 건 나 자신을 칭찬하는 것과 마찬가지기 때문이지. 사실 자네 아들의 연구는 내가 삼십여 년 전에 생각했던 내용이라네." 보여이는 이 일을 알고 나서 매우 화를 냈는데, 가우스가 자신의 명망을 믿고 그의 연구 성과를 훔치려고 한다고 생각했기 때문이다. 그는 화가 나서 이 연구를 더 이상 진행하지 않는다.

결국 보여이의 아버지가 자신이 출판한 수학 서적의 후반부에서, 아들이 한 연구를 부록으로 발표한 덕분에 사람들은 그제야 보여이의 업적을 알 수 있었다.

사실 더 일찍이 공헌을 한 사람은 카잔대학교 교수였던 러시아인 니콜라이 로바체프스키였다. 처음에는 로바체프스키도 반증법을 사용해 평행 공리를 증명하려고 했다. 그의 기본적인 생각은 보여이와 비슷했는데, 그는 직선 위에 있지 않는 점이 직선과 평행한 두 개 이상의 직선을 가질 수 있다고 가정한 다음 새로운 기하학 체계를 세웠다. 그는 상트페테르부르크 아카데미에 이 연구 결과를 편지로 부친다. 아카데미 회원들은 연구 결과를 보고 이렇게 말했다. "이 교수는 무슨 주장을 하는 걸까요? 직선 위에 있지 않은 점에서 어떻게 두 개의 평행선을 그릴 수 있습니까?" 아카데미에서는 논문 발표를 거절했다. 어느 정도 시간이 지나도 답장이 오지 않자 로바체프스키는 또 논문 한 편을 연구소에 보낸다. 아카데미 회원들은 그를 귀찮은 존재로 여기기 시작했고, 다음부터는 이 부면과 관련된 로바체프스키의 논문은 더 이상 검토하지 않기로 결정했다.

로바체프스키는 당시에 매우 화가 났지만 어찌 할 방법이 없었다. 그 이후에 그는 유럽에 가서 관련된 강연을 하고 사람들의 지지를 받을 수 있는지 없는지 살펴봐야겠다고 생각했다. 그가 독일에서 강연을 할 때 카를 프리드리히 가우스가 그의 강연을 들으러 갔지만 가우스는 아무런 말도 하지 않았다. 로바체프스키 역시 다른 누구의 지지도 받지 못했다. 가우스는 괴팅겐 왕립 학술원에 그를 추천하면서, 실력이 뛰어난 로바체프스키 교수를 준회원으로 받아들이자고, 그에게 명예 회원 자리를 주자고 제안했다. 하지만 가우스가 그의 새로운 기하학 체계를 지지한다고 말한 적은 없다.

가우스는 그의 일기와 친구에게 보내는 편지에서 다음과 같이 썼다. "그때 로바체프스키 선생이 말한 내용을 이해한 건 회의장에서 나뿐일 거라고 생각해." 하지만 가우스는 그를 공개적으로 지지하고 싶어 하지 않았다. 왜 그랬을까? 가우스는 매우 소심한 성격이었는데, 그는 교회에서 유클리드 기하학을 지지한다고 생각했다. 그 당시 코페르니쿠스는 수많은 공격을 받았다. 교회는 지동설을 지지하는데, 그는 천동설을 주장했기 때문이다. 가우스는 일생 동안 많은 업적을 이루었고 문제를 일으키고 싶지 않았다. 그래서 가우스는 로바체프스키를 공개적으로 지지하지는 않는다.

로바체프스키의 기하학은 지지를 받지 못했지만, 그가 국내로 돌아온 이후에 황제 정부는 독일 사람들이 그를 높이 평가하면서 학술원 준회원으로 받아주었다는 걸 눈여겨본다. 그는 정말로 실력이 있는 것처럼 보였기에 황제는 그를 카잔대학교의 교장으로 임명한다. 하지만 그의 기하 이론은 여전히 지지를 얻지 못한다. 그 이후에 그는 그래도 상트페테르부르크 아카데미에 편지를 써서 논문을 발표하고 싶어 했지만, 아카데미 회원들은 여전히 그의 논문을 게재하지 않았다. 결구 그는 자신의 논문을 카잔대학교 학술지에 발표하는 수밖에 없었다. 사실 그의 논문은 보여이보다 더 이른 시기의 논문이었지만, 카잔대학교 학술지에만 발표를 했기에 다른 나라 사람들은 그의 논문을 볼 수 없었다. 러시아는 유럽의 변방 지역에 위치해 있었기 때문에 사람들은 로바체프스키의 발견을 알지 못했다. 나중에 그는 두 눈을 실명했고, 이 새로운 기하학 이론을 말로 설명해서 학생들에게 기록하게 한다. 나중에 사람들은 점점 그의 이론이 옳다는 것을 깨닫게 된다.

그 이후 독일 수학자 베른하르트 리만은 또 다른 가설을 제시했는데, 그는 직선 위에 있지 않은 점에서 하나의 평행선도 그릴 수 없다고 가정하고 또 다른 기하학 체계를 세웠다. 이렇게 로바체프스키 기하학, 리만 기하학, 원래의 유클리드 기하학까지, 총 세 개의 기하학 체계가 생기게 된다. 나중에 사람들은 다음과 같은 사실을 알게 되었다. 리만 기하학은 구면과 같은 곡률이 양의 값을 가지는 공간에 대해 다룬다. 유클리드 기하학은 평면처럼 곡률이 0인 공간에 대해 다룬다. 그리고 로바체프스키 기하학은 곡률이 음수인 유사구면과 같은 공간에 대해 다룬다. 세 가지 종류의 기하학 체계는 서로 다른 곡률의 곡면을 다룬다. 결국 리만은 이 기하학 체계들을 하나로 통일시키는데, 이는 나중의 리만 기하학이 된다. 리만은 이 업적으로 괴팅겐대학교에서 강사 자리를 얻었다.

일반 상대성 이론의 창립

아인슈타인은 그의 일반 상대성 이론을 창립하면서 정말 신경을 많이 썼다. 일반적으로 사용하는 유클리드 기하학은 아인슈타인의 필요를 만족시킬 수 없었다. 그에게는 왜곡된 공간을 묘사할 수 있는 체계가 필요했다.

아인슈타인은 왜곡 공간에 대해 연구하면서, 적합한 수학 이론을 찾고 싶어했다. 그래서 그는 친구 그로스만에게 자신을 도와서 도움이 될 만한 수학 지식을 찾아 달라고 부탁했다. 그로스만은 자신이 하던 연구를 중지하고 며칠 동안 자료들을 조사한 다음 아인슈타인에게 말했다. 사람들이 이탈리아에서 하고 있는 리만 기하학 연구가 아인슈타인에게 도움이 될 수 있다고 말이다. 그로스만은 자신의 연구를 내버려 두고, 아인슈타인과 함께 리만 기하학을 연구하면서 아인슈타인이 리만 기하학을 이해하도록 도왔다. 하지만 문제 해결의 돌파구를 찾은 건 역시 아인슈타인이었다.

아인슈타인은 그로스만과 협력하여, 물질의 존재가 시공간 왜곡에 어떤 영향을 주는지 알려주는 공식을 얻었다. 허나 그 공식은 틀린 것이었다. 1915년에 아인슈타인은 독일에 가서 힐베르트와 토론을 했고, 그 후 1년도 안 돼서 정확한 공식을 도출해낸다. 바로 (식 6-1)인데, 등호의 우변에는 물리적 성질을 나타내는 항이 있고 좌변에는 시공간 곡률이 있다.

$$R_{\mu\nu} - \frac{1}{2}\, g_{\mu\nu} R = -k T_{\mu\nu} \qquad \text{(식 6-1)}$$

이 공식은 물질의 존재가 어떻게 시공간의 왜곡에 영향을 미치는지를 알려준다. 이 안에는 또한 매우 의미 있는 이야기가 담겨 있다. 1915년 5~6월에 아인슈타인은 독일의 프로이센 아카데미에서 자신이 시공간 왜곡 방면에서 한 연구 성과를 발표하면서, 아직 정확한 공식을 찾지 못했다고 이야기한다. 그가 발표한 기간은 대략 1주일이었고, 다비트 힐베르트 등의 사람들이 그의 강연을 듣고 있었다. 9월에 아인슈타인은 한 가지 소식을 듣게 된다. 힐베르트가 아인슈타인의 강연에서 오류를 발견했으며 이를 연구하면서 정확한 공식을 찾고 있다는 것이었다. 그와 동시에 아인슈타인도 자신의 강연에 확실히 오류가 있었다는 걸 깨닫는다.

이제 마음이 급해진 아인슈타인은 프로이센 아카데미에서 계속 발표를 한다. 매주 한 번 발표를 하면서 그의 연구가 얼마나 진전되었는지 보고했고, 나중에는 드디어 정확한 결론을 얻게 된다. 1915년 11월 25일에 그는 자신의 논문을 한 잡지사에 보내고, 그의 논문은 12월 5일에 게재된다. 하지만 힐베르트는 아인슈타인보다 5일 빠른 11월 20일에 자신의 논문을 완성해 이를 투고한다. 힐베르트의 논문은 3월 1일이 되어서야 출판된다. 관건은 힐베르트의 논문에는 처음에는 정확한 장 방정식이 없었고, 원고를 교정할 때 이를 추가했다는 점이었다. 이때 그는 아인슈타인이 발표한 논문을 보았기 때문에, 상대성 이론 연구의 주요 공로는 아인슈타인의 것이 된다.

힐베르트도 연구에 참여하고 싶어했지만, 아인슈타인은 이 문제는 결코 양보하고 싶지 않았다. 한번은 힐베르트가 아인슈타인에게 편지를 보내 "우리의 연구"라는 말을 언급한 적이 있었다. 아인슈타인은 이건 자신의 연구라며, 언제 "우리"의 연구가 된 거냐고 이야기했다. 이후 힐베르트는 이 연구에 관해 더 이상 언급하지 않았고, 이 연구 성과는 아인슈타인이 이룬 것이라는 걸 인정했다. 이렇게 이 사건은 종료된다. 하지만 우리는 아인슈타인이 이 업적을 이룬 건 사실이지만, 힐베르트의 도움을 무시해선 안 된다는 걸 안다. 힐베르트가 없었다면 아인슈타인이 독일에 온 지 1년도 채 되지 않은 상태에서 상대성 이론 연구의 정확한 방향을 찾기란 불가능했을 것이다.

일반 상대성 이론의 기본 방정식은 두 가지다. 하나는 장 방정식으로, 이 식은 우리에게 물질의 존재가 시공간 왜곡에 어떤 영향을 미치는지 알려준다. 또 다른 식은 운동 방정식으로, 이 식은 우리에게 4차원의 왜곡된 시공간에서 자유로운 질점이 어떻게 운동하는지를 알려준다. 아인슈타인은 왜곡된 시공간에서 자유로운 질점의 운동 방정식을 도출하면서, 이 방정식이 바로 수학자들이 이미 알아낸 지름길 방정식이라는 걸 알아차렸다. 자유로운 질점의 운동은 관성 운동이고 관성 운동은 지름길을 따라 일어나게 된다. 지름길은 측지선이라고도 하는데, 직선을 왜곡된 시공간에서 일반화시킨 것이다. 사실 지름길이 반드시 두 점 사이의 가장 짧은 세계선이 된다고 할 수는 없다. 지름길은 두 점 사이의 가장 긴 선이 될 가능

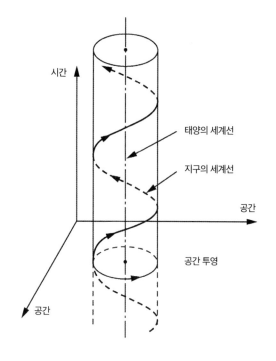

시간

태양의 세계선

지구의 세계선

공간

공간 투영

공간

그림 6-1 지구 공전 운동의 지름길

성도 있다. 일반 상대성 이론에서 자유로운 질점이 그리는 지름길은 두 점 사이의 가장 긴 거리가 된다. 지구의 공전 운동은 지름길을 따라 일어나는 운동이다. 하지만 타원 궤도는 지름길이 아닌 3차원 공간의 궤도다. 여기서 말하는 건 4차원 시공간의 지름길로, 시간을 고려하면 행성의 운동은 〈그림 6-1〉의 나사선 형태가 되고, 이는 4차원 시공간에의 지름길이다.

중력의 적색편이와 수성의 궤도 세차 운동

아인슈타인은 일반 상대성 이론을 제시하면서, 세 가지 관측 결과로 자신의 이론을 검증할 수 있다고 말했다.

첫 번째는 중력의 적색편이다. 중력의 적색편이란 무슨 의미일까? 바로 시공간의 왜곡이 시간을 느리게 가게 만들 수 있다는 것이다. 시공간의 왜곡이 심해질수록 시계는 더 느리게 간다. 태양 표면에 있는 시공간은 지구의 시공간보다 더 심하게 왜곡된다. 그래서 아인슈타인은 태양 표면에 있는 시계는 지구에 있는 시계보다 더 느리게 간다고 주장했고, 믿기지 않는다면 태양에 시계 하나를 놓아 보라고 했다. 하지만 태양에는 시계가 없고 태양에 시계를 놓을 방법도 없다. 설령 태양에 시계를 놓는다고 해도 시계를 볼 수는 없는데, 태양 주변이 너무 눈부시기 때문이다. 아인슈타인은 태양에 자체적인 시계가 있다고 말했다. 그가 말한 시계는 선 스펙트럼이다. 모든 원소에는 특정한 선 스펙트럼이 있는데, 각 선 스펙트럼은 이 원소의 원자에서 해당 스펙트럼의 주파수로 진동하고 있는 시계와 같다. 태양 표면에는 많은 수소 원소가 있고 지구에도 수소 원소가 있는데, 우리가 태양에 있는 수소 원자의 스펙트럼과 지구의 실험실에서 얻은 스펙트럼을 비교하면, 태양에 있는 수소 원자의 스펙트럼이 지구에 있는 수소 원자의 스펙트럼의 파장보다 더 길다는 걸, 즉 주파수가 더 낮다는 걸 알 수 있다. 그리고 모든 스펙트럼은 붉은색 영역으로 이동하는데 이를 적색편이라고 한다. 스펙트럼의 주파수가 낮아지는 이유는 무엇일까? 태양이 거기서 시간을 왜곡시켰기 때문이다. 그래서 이 효과를 이용해 일반 상대성 이론을 검증할 수 있다.

태양에 있는 수소 원자의 스펙트럼을 지구에 있는 수소 원자의 스펙트럼과 비교하면, 스펙트럼이 붉은색 영역으로 이동한다는 사실이 이후의 천체 관측을 통해 확실하게 검증되었다. 하지만 이 관측은 정밀하게 진행하기가 어려웠는데, 태양에 있는 태양풍의 움직임과 분자의 열운동이 일으키는 도플러 효과가 중력의 적색편이에 더해졌기 때문이다. 따라서 중력의 적색편이를 정확하게 측정하는 건 어려운 일이다.

하지만 또 다른 관측 결과가 일반 상대성 이론을 검증할 수 있는데, 예를 들면 수성의 궤도 세차 운동이 있다. 이 관측 결과는 매우 정확하다. 케플러의 행성 운동 3법칙은 행성의 공전하는 궤도는 닫힌 타원이며, 태양이 이 궤도의 초점에 위치한다는 것이다. 뉴턴의 만유 인력 법칙도 이 견해를 지지한다. 하지만 천문 관측은 모든 행성의 공전 운동 궤도가 모두 닫힌 타원은 아니라는 것을 발견했다. 모든 행성의 타원 궤도의 근일점은 행성의 각 궤도 운동 중에 이동한다. 다시 말해도 궤도 자체도 회전하고 있다. 행성 궤도 세차 운동을 언급할 때 우리는 보통 수성에 대해 이야기하는데, 수성에서 이 효과가 가장 두드러지기 때문이다. 수성은 끊임없이 회전하고 있고 수성의 타원 궤도도 회전하며, 근일점은 계속해서 앞쪽으로 이동한다. 이 이동을 수성 궤도 근일점의 세차 운동이라고 하며 〈그림 6-2〉처럼 표시할 수 있다.

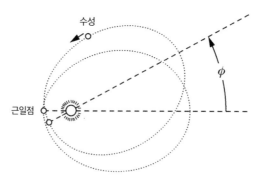

그림 6-2 수성 궤도 근일점의 세차 운동

당시 관측된 수성 궤도의 근일점은 100년마다 5600각초(각도의 초-옮긴이)만큼 세차 운동을 했다. 일반 상대성 이론이 나오기 전에 사람들은 세차 운동에 영향을 주는 여러 가지 요소를 알고 있었는데, 그중에는 천문학상 세차의 영향, 다른 행성이 수성의 운동에 끼치는 영향이 있었고, 또 태양 자전의 영향이 있었다. 하지만 이런 요소들을 모두 제외한 다음에도, 100년마다 43각초만큼 하는 세차 운동은 설명할 수 없었다.

당시 위르뱅 르베리에는 이 문제를 풀어보려고 한 적이 있었다. 르베리에는 해왕성을 발견한 사람 중 한 사람이다. 옛날에 우리 인류는 육안으로는 금성, 목성, 수성, 화성 토성의 다섯 행성밖에 볼 수 없었고, 여기에 지구까지 여섯 개의 행성이 있었다. 그러다 망원경을 발명하면서 천왕성을 발견했다. 나중에 사람들은 천왕성 궤도의 관측값과 계산값 차이에 편차가 있다는 걸 발견했다. 당시 영국 청년 천문학자 존 쿠치 애덤스는 천왕성보다 더 멀리 있는 행성이 존재해서, 천왕성의 운동에 영향을 미칠 수 있다고 생각했다. 그는 이 미지의 행성의 위치를 계산해냈고, 이 결과를 편지로 써 영국의 그리니치 천문대에 보낸다. 하지만 그리니치 천문대의 연구원들은 편지를 보고 애덤스가 보잘것없는 평범한 사람이라고 생각해서, 신경 쓰지 않고 그의 편지를 내버려 둔다. 프랑스의 르베리에는 애덤스를 몰랐지만 그와 비슷한 생각을 한 인물이었다. 르베리에는 이 행성의 위치를 계산해낸 다음, 독일의 천문대가 프랑스의 천문대보다 좋다고 생각해서 독일 베를린 천문대에 그 결과를 보낸다. 때마침 별자리표를 손에 넣은 베를린 천문대 원장은 이 표를 검증하고 싶은 마음에 바로 그 별자리표를 이용해 관측한다. 천문대 원장은 르베리에가 예측한 위치에서 정말로 행성 하나를 발견했는데, 이 행성이 바로 해왕성이다. 프랑스인이 새 행성을 발견했다는 소식을 접한 영국인들은 애덤스도 새 행성에 관해 예측한 적이 있다는 걸 떠올렸다. 애덤스가 예측한 위치를 근거로 찾아보니, 새로운 별을 발견할 수 있었다. 따라서 애덤스와 르베리에는 모두 해왕성을 발견한 사람이며, 매우 대단한 인물이다.

르베리에는 해왕성을 발견한 것에서 멈추지 않았다. 그는 '먼 곳에 있는 미지의 행성이 세차 운동에 영향을 준다면, 가까운 곳에서도 그렇지 않을까? 수성이라는 행성의 궤도에도 세차 운동이 있는데, 그렇다면 수성보다 태양에 더 가까운 미지의 행성이 존재하고, 이 행성이 수성의 궤도에 영향을 미치는 건 아닐까?'라고 생각했다. 그래서 그는 역으로 계산을 해서, 우주에서 이 미지의 행성의 대략적인 위치를 계산해냈다. 나중에 그는 까만 점 하나가 태양 표면에서 이동하는 걸 실제로 관측한다. 그는 자신이 새로운 행성을 발견했다는 생각에 매우 기뻐했다. 이 행성은 태양과 매우 가까웠기 때문에, 그는 이 행성의 이름을 벌컨(로마신화에서 불의 신을 의미하는 불카누스에서 유래-옮긴이)이라고 명명한다. 이로부터 얼마 지나지 않아 사람들은 이 벌컨이 사실은 태양에서 자기장이 강한 지역인 흑점이며, 행성이 아니라는 걸 알게 된다. 따라서 수성 궤도의 세차 운동 문제는 미해결 상태로 남아 있었다.

아인슈타인은 일반 상대성 이론을 연구하기 전에 궤도 세차 운동 현상에 대해 알고 있었고 이 현상에 대해 흥미를 느꼈다. 그는 일반 상대성 이론을 연구하면서 자신의 새로운 이론이 수성 궤도의 세차 운동이 추가로 일어나는 문제를 해결할 수 있기를 바랐다. 그 결과 그의 새로운 이론은 정말 100년마다 43각초 일어나는 세차 운동을 계산해냈고, 이 결과는 그의 이론을 매우 정밀하게 증명하는 것이었기에 아인슈타인은 매우 기뻐했다. 그는 다른 사람에게 보내는 편지에서 "저는 매우 기쁩니다"라고 적었다. 아인슈타인은 몇 주나 어쩔 줄 모를 정도로 크게 기뻐했다고 한다.

빛의 굴절과 GPS 위치 측정

또 다른 관측 결과는 빛의 굴절이다. 일반 상대성 이론에 따르면 태양이 주위의 시공간을 왜곡시키기에, 태양에서 멀리 떨어진 항성이 내는 빛은 태양 부근을 지날 때 〈그림 6-3〉처럼 굴절하게 된다. 이 굴절은 일반 상대성 이론으로 계산할 수 있다.

뉴턴의 만유인력 법칙에서도 멀리 있는 항성에서 발생한 빛이 태양 부근을 지나가면, 광자가 태양의 만유인력에 이끌리면서 포물선과 비슷한 편향 효과가 생겨 빛의 경로에는 편향각이 생긴다고 한다. 하지만 뉴턴 이

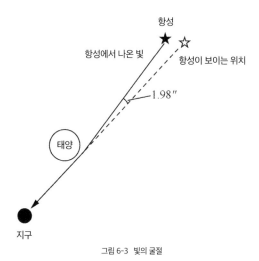

그림 6-3 빛의 굴절

론에 따른 계산값은 일반 상대성 이론에 따른 계산값의 절반에 불과하다. 일반 상대성 이론에서 편향각이 1.75각초라고 하면 뉴턴 이론에서는 0.875각초가 된다.

1919년에 영국 천문학자 아서 스탠리 에딩턴 등이 이 현상을 관측했다. 그들은 관측팀 두 개를 조직했는데, 한 팀은 에딩턴의 인솔하에 서아프리카의 프린시페 섬으로, 또 다른 팀은 다이슨의 인솔하에 브라질로 갔다.

관측 지역을 그곳으로 택한 이유는 무엇일까? 1919년에 이 두 개 지역에서 개기일식이 일어났기 때문이다. 일반적으로는 태양이 너무 밝기 때문에 태양 뒤편의 하늘을 관측하는 건 불가능하다. 이 하늘을 볼 수 있는 때는 언제일까? 달이 태양을 가리는 개기일식이 일어날 때만 볼 수 있다. 이때 태양의 사진을 촬영하면 태양 뒤편에 있는 하늘도 촬영할 수 있다. 태양이 개기일식 위치에서 벗어날 때까지 기다린 다음 다시 하늘을 촬영한다. 이 두 장의 사진을 비교하면, 태양이 존재할 때 하늘을 배경으로 한 멀리 떨어진 항성의 위치가 변했다는 걸 알 수 있다. 이는 멀리 있는 항성에서 발사된 빛이 굴절되었음을 설명한다.

운 나쁘게도 에딩턴이 프린시페 섬에서 관측할 때는 비가 내리고 있었다. 그나마 개기일식이 막 끝나갈 무렵 바람이 불어서, 구름이 걷혔다는 게 불행 중 다행이었다. 그는 쉴 새 없이 셔터를 눌렀지만 바라는 결과를 얻진 못했다. 반면 다이슨이 있었던 곳은 날씨가 매우 화창했다. 그는 매우 기뻐하면서 사진을 찍은 다음 결과를 보았는데 품질이 좋지 않았다. 사진 건판을 넣은 철제 케이스가 태양빛을 받아 뜨거워졌고 사진 건판은 변형되어 데이터로 사용할 수 없었다. 약간의 처리 과정을 거친 다음 그는 그나마 사용할 만한 데이터를 얻었다. 다이슨이 관측한 편향각은 1.98각초였고, 에딩턴이 관측한 편향각은 1.61각초였다. 일반 상대성 이론이 예측한 값은 1.75각초였고 뉴턴의 이론이 예측한 값은 0.875각초였다. 관측값이 일반 상대성 이론의 예측값에 근접했고 뉴턴의 예측값과는 차이가 비교적 컸기 때문에, 이 결과는 일반 상대성 이론에 부합했다. 당시 기자는 아인슈타인과 인터뷰를 하면서 이 소식을 들었을 때 어떤 기분이었는지 질문했다. 아인슈타인은 자신 있게 다른 결과가 나올 거라고 생각해본 적이 없다고 대답했다.

수십 년 후에 천문학자들이 라디오파가 태양 부근을 지날 때의 편향각을 관측했다. 1975년에 관측한 값은 1.76각초였고, 1.75각초에 매우 근접한 값이 나왔다. 2004년의 관측값과 이론값의 비는 0.99983으로 이 편향각은 더 정밀하게 측정되었다.

일반 상대성 이론을 검증한 실험은 GPS(위성 항법 장치)와 관련이 있다. 2만 미터 높이에서 운행되는 위성에 시계 하나를 놓고(이하 위성 시계) 지면에도 시계 하나를 놓았다고(이하 지구 시계) 가정하자. 특수 상대성 이론에 따르면 지구 시계는 정지해 있고, 위성 시계는 운동하고 있다. 따라서 위성 시계는 지구 시계보다 느리게 가야 한다. 일반 상대성 이론에 따르면 2만 미터 높이에 있는 시공간은 지면 근처의 시공간보다 왜곡이 덜 발생하기 때문에 지면 시계가 더 느리게 가야 한다. 이 두 가지 효과를 고려하면 계산값은 현재의 관측값과 기본적으로 일치한다. 따라서 이 실험과 관측은 일반 상대성 이론을 지지한다.

아인슈타인은 자신이 제시한 일반 상대성 이론의 업적에 큰 자부심을 품고 있었다. 그는 이렇게 말했다. "제가 특수 상대성 이론을 발견하지 않았다면, 5년 이내에 다른 사람이 발견했을 겁니다. 제가 일반 상대성 이론을 발견하지 않았다면, 50년 동안 이 이론을 발견한 사람은 없었을 겁니다." 아인슈타인은 매우 자랑스러워했는데, 확실히 그럴 만했다.

제 7 과

시공간의
팽창과 물결

중력파는 과연 존재할까

일반 상대성 이론은 중력파의 존재를 예견했다. 아인슈타인은 1915년에 상대성 이론을 제시하고 나서, 1916년에는 중력파가 존재한다고 주장했다가, 나중에는 중력파가 존재하지 않는다고 했다가 하면서 자신의 주장을 여러 번 번복한다. 1936년에 아인슈타인이 미국에 있을 때 조수와 함께 공간 중의 중력파를 계산한 적이 있었다. 처음에는 중력파가 있다고 생각했지만 계산을 마친 후 중력파가 존재하지 않는다는 걸 발견했다. 그는 이 연구 논문을 미국의 〈피지컬 리뷰〉에 보낸다. 〈피지컬 리뷰〉는 현재 세계 최고의 물리학 잡지 중 하나이지만, 당시에는 〈피지컬 리뷰〉는 미국에서만 중요하게 여겨졌고, 국제적으로는 영국의 〈철학 회보〉와 독일의 〈물리학 연보〉가 더 인정을 받았다.

〈물리학 연보〉에는 원고 심사 제도가 있어서 편집진이 받은 원고는 반드시 먼저 익명의 동료 평가(같은 분야의 전문가들이 연구물을 검토함-옮긴이)를 거친다. 그래서 편집진은 상대성 이론을 이해할 수 있는 사람에게 아인슈타인의 원고를 보냈다. 이 사람은 아인슈타인과 같은 도시에 살고 있는 우주학을 연구하는 사람이었다. 편집진은 이 심사위원이 아인슈타인을 알고 있기 때문에, 원고에 문제가 있다면 심사위원이 아인슈타인을 찾아갈 거라고 생각해 그에게 원고를 보냈다. 이 사람은 아인슈타인의 원고를 보고 아인슈타인의 계산이 틀렸다고 생각했다. 그는 마침 타지에 있었기 때문에 아인슈타인을 만날 수 없었고, 그래서 그는 논문에 오류가 있어 수정해야 한다는 10개 항의 평가 의견을 적어 보냈다.

〈물리학 연보〉의 편집진은 익명의 심사 평가 의견을 아인슈타인에게 보내면서 논문을 수정하거나 심사 의견에 대한 반론을 제시해달라고 요청했다. 아인슈타인은 그 내용을 보고 갑자기 노발대발하면서 이렇게 생각했다. '이 사람들은 내가 누군지 정말 모르는 건가? 게다가 전문가에게 심사 평가까지 부탁하다니. 심지어 이 전문가는 10개의 심사 평가 의견을 써서 내가 틀렸다고 주장하잖아.' 그래서 아인슈타인은 〈물리학 연보〉의 편집진에게 편지를 한 통 보냈다. "존경하는 편집진 여러분, 저는 여러분에게 제 논문을 다른 사람에게 보여줄 권리를 주지 않았습니다. 죄송하지만 제 논문을 돌려 주시기 바랍니다."

편집진은 아인슈타인의 편지를 보고 그가 매우 화가 났다는 걸 알았지만, 그의 화를 달랠 방법이 없었다. 편집진은 어쩔 수 없이 아인슈타인의 논문을 돌려보내며 편지를 썼다. "존경하는 아인슈타인 교수님, 저희에게 원고 심사 제도가 있다는 걸 교수님이 몰랐고, 논문을 다른 사람에게 보여주는 걸 동의하지 않아 유감입니다."

논문 심사 의견을 제 눈으로 확인하기가 싫었던 아인슈타인은 그로부터 얼마 지나지 않아 친구 인펠트를 만나 자신의 논문과 심사 의견을 보여주었다. 인펠트라는 사람은 학문 수준이 높지 않았기 때문에, 논문에서 무엇이 문제인지를 알 수 없었다. 그는 이 지역에 로버트슨이라고 하는 상대성 이론 전문가가 있다는 걸 떠올렸다. 이 사람은 우주학을 연구했기에 상대성 이론에 대해 잘 알고 있었다. 인펠트는 로버트슨을 찾아가 토론했고 결국 논문에 오류가 있다는 답변을 얻었다. 자신이 보기에도 오류가 있어 보였기에 그는 아인슈타인에게 돌아가 대화를 나누었다. 아인슈타인은 논문의 오류를 인정하고 이를 수정해 중력파가 존재하는 것으로 결론지었다.

아인슈타인은 〈물리학 연보〉의 편집진에 매우 화가 난 터라 다시는 그 잡지에 먼저 논문을 투고하지 않는다. 그는 이 논문을 다른 잡지사에 보냈고 금세 출판된다. 논문의 말미에 아인슈타인은 로버트슨 교수와 인펠트에게 감사의 말을 전한다.

60여 년 지난 후에 규정에 따라 논문 심사 의견이 공개되었고, 〈물리학 연보〉의 편집진은 관련된 기록을 공개했다. 놀랍게도 심사 위원은 하워드 로버트슨이었다. 아인슈타인은 죽을 때까지 그 사실을 몰랐다고 한다.

결국 중력파를 찾아내다

인류는 중력파를 찾아내려고 계속 시도하고 있었다. 1970년대에 이르러서야 미국의 매사추세츠대학교의 조지프 테일러와 러셀 헐스, 이 두 사람이 쌍성펄서 PSR1913+16에 대해 관측과 연구를 진행하면서 초보적인 성과를 얻었다. PSR은 '펄서'라는 의미로, 펄서는 끊임없이 전자기 펄스를 방출하는 중성자별이다. 1913+1916은 이 쌍성펄서의 우주 좌표다. 이 두 개의 고밀도 천체는 질량 중심 주위를 돌고 있는데, 그중 적어도 하나는 중성자별이다. 테일러와 헐스는 이 두 개의 별의 공전 주기가 매년 약 만분의 1초씩 줄어든다는 사실을 관측을 통해 발견했다. 그들의 계산에 따르면 이 두 별이 공전할 때 중력파가 발생한다면, 복사된 중력파의 에너지 손실은 만분의 1초라는 공전 주기의 감소를 일으킨다. 이를 통해 중력파를 간접적으로 검출해냈다고 말할 수 있다. 그들의 연구는 믿을 만한 것일까?

그들이 이 결과를 공개했을 때, 필자는 마침 베이징사범대학교에서 대학원을 다니고 있었다. 필자의 스승이었던 리우랴오(刘辽) 교수님은 필자와 필자의 후배 구이위안싱(桂元星)과 함께 이 쌍성의 중력파 복사를 계산했다. 테일러와 헐스는 연구 결과를 발표하면서 계산 과정에 대해서는 알리지 않았기 때문이다.

이 계산은 매우 복잡했다. 일반 상대성 이론에서 중력장의 에너지 밀도에는 공인된 방정식이 없다는 면에서 전자기장과는 완전히 달랐다. 중력장의 에너지 밀도를 표현하는 공식은 모두 문제가 있었다. 아인슈타인이 먼저 제시한 중력장 에너지 밀도의 방정식은 틀렸다고 주장하는 사람이 있었다. 그래서 또 다른 사람이 또 다른 방정식을 제시했다. 나중에 란다우가 제시한 방정식도 틀렸다고 주장하는 사람이 있었다. 그리고 또 다른 사람이 새로운 공식을 제시했다. 우리는 각 에너지 방정식을 검토한 다음, 란다우의 방정식이 오류가 제일 적다고 생각해서 란다우의 방정식을 사용해 계산하기로 했다. 계산 결과는 테일러와 헐스의 결과와 기본적으로 동일했고 그들의 연구가 옳다는 게 증명되었다. 주기는 확실히 매년 약 만분의 1초씩 감소했다. 베이징대학교의 호닝(胡宁), 딩하오강(丁浩剛), 장더하이(章德海), 이 세 명도 이 주기를 계산했고, 그들이 사용한 방법은 필자가 사용한 방법과는 다르지만 결과가 거의 비슷했다. 이는 필자와 그들의 계산이 모두 옳다는 걸 증명하며 테일러와 헐스의 연구 결과가 중력파의 관측을 간접적으로 증명했다는 걸 알려준다.

〈그림 7-1〉에서는 쌍성 한 쌍이 서로 공전하고 있을 때, 그 옆의 먼 곳에는 지구가 있고, 중력파는 마치 물결처럼 밖으로 전파된다는 걸 설명한다.

관건이 되는 중대한 발견은 2016년 2월에 있었는데, 미국의 레이저간섭계중력파관측소(Laser Interferometer Gravitational-Wave Observatory, LIGO, '라이고'라고 함)의 연구팀은 2015년 9월 14일에 중력파 신호를 직접적으로 관

그림 7-1 쌍성 복사 중력파

측했다고 발표했다. 이 신호는 GW150914로 명명되는데 여기서 GW는 중력파를 가리킨다. 이는 인류가 처음으로 직접 중력파를 관측한 것이다. 중력파는 2015년 9월 14일에 관측이 되었지만, 연구진은 신중을 기하기 위해서 발표를 계속 미루었고, 2016년 2월에 오류가 없다는 확신이 들자 결과를 발표했다. 공교롭게도 2015년은 일반 상대성 이론이 발표된 지 100주년이 되는 해였고, 2016년은 아인슈타인이 중력파를 예측한 지 100주년이 되는 해였다. 만약 이 관측 결과에 확실히 문제가 없다면 이는 매우 중요한 발견이었다.

현재 우리는 전자기파(가시광선, X선, 극초단파, 감마선은 전부 전자기파다)를 기초로, 또는 실제 물질 입자와 전자장의 상호 작용에서 얻은 신호를 기반으로 우주 공간을 이해하고 있다. 하지만 여기서의 중력파는 전자장과는 완전히 관련이 없다. 그래서 어떤 사람은 다음과 같이 표현했다. 우리는 원래 우주를 '보고' 있었고, 이제 우리는 중력파라는 우주의 음성을 '들었'다. 하나는 시각이고, 하나는 청각이다. 중력파는 사실 우리가 일반적으로 이야기하는 음파와는 전혀 관련이 없다. "중력파의 음성"이라고 말한 건 단지 중력파와 전자기파는 완전히 다른 정보의 근원이라는 걸 강조하려고 한 것뿐이다.

중력파는 광파와는 달라서, 광자의 스핀은 1이지만 중력자의 스핀은 2다. 따라서 중력파의 편광 효과는 서로 다른 방식으로 교차된 납작해진 원주 형태로 나타난다. 〈그림 7-2〉에 중력파의 편광 효과가 묘사되어 있다. 중력파의 횡단면이 처음에는 원이었다면, 이 원은 서로 다른 방향으로 번갈아가면서 납작해진다. 예를 들면 처음에는 원이었다가 좌우 방향으로

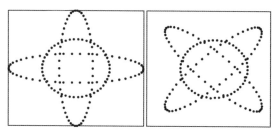

그림 7-2 중력파의 편광 현상

납작해지고 나서 다시 원래 상태로 돌아간다. 그다음에는 상하 방향으로
납작해졌다가 다시 원래 상태로 돌아간다. 과학자들은 이 효과를 이용해
서 중력파를 탐지한다.

〈그림 7-3〉은 마이컬슨의 간섭계 도식도다. 간섭계의 두 개의 장치는 중
력파의 영향으로 인해 길이가 변한다. 길이가 변하면 레이저가 두 개의 장
치를 지나는 시간도 서로 달라진다. 또는 두 개의 장치를 지나는 경로가
서로 달라질 것이다. 이렇게 간섭 효과가 발생해서 간섭무늬가 생긴다. 따

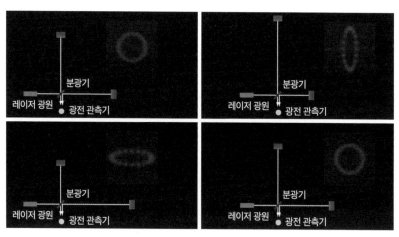

그림 7-3 마이컬슨 간섭계 중력파 탐지 도식도

라서 광학 관측을 하면서 간섭무늬가 이동하는 걸 발견할 수 있다. 물론 이 효과는 매우 미미한데 얼마나 미미한지는 다음 내용에서 살펴보자.

〈그림 7-4〉는 라이고(LIGO)의 사진이다. 여기에는 두 개의 수직인 장치가 있고, 장치의 길이는 대략 4킬로미터다. 중력파가 도달한 다음 두 장치의 길이에는 번갈아가면서 변화가 생길 것이다. 변화의 폭은 겨우 양자 하나의 1/1000 길이밖에 되지 않는다. 과학자들은 매우 많은 첨단 장치를 사용했다. 예를 들면 빛의 경로를 연장하기 위해 레이저가 장치 안에서 수백 번 왕복하도록 만들었다. 따라서 매우 미미한 변화도 검측해낼 수 있고, 이 변화는 확실히 우주 공간에서 발생된 중력파로 인해 생긴 것이라고

그림 7-4 라이고(LIGO, Laser Interferometer Gravitational-Wave Observatory)

생각할 수 있다.

라이고에는 두 개의 관측 장치가 있는데, 하나는 미국 동남부의 루이지애나주에 있고 하나는 미국 서북부의 워싱턴주에 있다. 이 두 지역에 똑같은 장치를 설치해야 했던 이유는 무엇일까? 지진의 영향을 피하기 위해서다. 만약 지진이 발생하거나 트럭이 관측 장치 옆을 지나가서 지면 진동이 발생하면 관측을 방해할 가능성이 있다. 따라서 두 지역에 동일한 관측 장치를 설치해야 하고, 두 장치에서 모두 반응이 있을 때만이 진정한 중력파 신호로 볼 수 있다. 지진이라면 한 지역에만 영향을 주고, 멀리 떨어진 곳에는 별로 영향을 주지 않을 것이다.

라이고 연구팀은 나중에 이 신호는 13.4억 년 전에 두 개의 블랙홀이 하나로 합쳐지면서 발생한 중력파라고 생각했다. 그중 하나의 블랙홀의 질량은 태양 질량의 36배, 또 다른 하나의 블랙홀의 질량은 태양 질량의 29배였고, 이 두 개가 합쳐서 대략 태양 질량의 62배인 새로운 블랙홀이 된 것이다. 여기서 일부 에너지가 중력파의 형태로 방출되어 우리가 있는 곳에 도달한 것이다. 어떤 사람은 그걸 본 사람이 있냐고 질문할지 모른다. 그걸 본 사람은 없다. 이는 과학자들이 이 중력파 효과를 관측한 다음 분석해서 나온 결과다.

블랙홀 충돌로 인한 시공간의 잔물결

과학자들은 이 중력파 신호가 두 개의 블랙홀의 충돌로 인해 일어났다는 걸 어떻게 알았을까? 사실은 다음과 같다. 과학자들은 두 개의 블랙홀이 충돌했다는 걸 관측한 게 아니라 이론적으로 연구하고 추측한 것이다. 만약 중력파가 도달했다면 이 중력파는 어떻게 발생한 것일까? 두 개의 블랙홀이 충돌했을 수 있고, 중성자별과 블랙홀이 충돌했을 수 있고, 중성자별과 중성자별이 충돌했을 수도 있다. 블랙홀과 중성자별의 크기에도 여러 가지 가능성이 있는데, 예를 들어 태양 질량의 36배, 35배, 3배, 2배…일 수 있다. 사람들은 모든 여러 가지 가능성의 조합을 계산했는데, 계산 데이터는 수만 개의 경우가 있었다. 과학자들은 신호를 검출한 다음 계산 결과와 비교해 어떤 경우와 맞는지를 확인했다. 그 결과 태양 질량의 36배와 태양 질량의 29배의 조합이 딱 맞아떨어졌다. 따라서 이 결과의 신뢰도가 얼마나 되는지는 독자의 상상에 맡기겠다. 필자가 보기에는 신뢰도가 비교적 높은데, 예를 들자면 80%, 심지어는 90%의 신뢰도로 볼 수 있다. 하지만 100%라고 말한다면, 필자는 동의할 수 없다. 앞으로 비슷한 신호를 또 검출할 수 있는지를 두고 봐야 하기 때문이다.

〈그림 7-5〉에는 두 개의 블랙홀이 병합될 때의 설명도와 관측 신호가 나와 있다. 두 개의 블랙홀은 서로를 둘러싸고 회전하면서 점점 가까워지고(나선회전, inspiral), 그다음 병합(merger)되고, 안정화(ringdown)가 일어난다. 안정화란 두 개의 블랙홀이 충돌한 다음 한 차례 '진동'하면서, 점점 안정되어 하나의 큰 블랙홀이 되는 걸 말한다. 과학자들은 이 과정이 블랙홀 면적 정리를 만족해야 한다고 생각했다. 그렇지 않으면 기존의 일반 상대성 이론에서의 블랙홀 이론과 모순이 발생하기 때문이다. 따라서 과학자들은 모든 블랙홀 병합 모델이 면적 정리를 만족한다고 생각했다. 블랙홀의 면적 정리란, 블랙홀 두 개가 합쳐져서 생긴 블랙홀의 면적은 원래 두 개의 블랙홀의 면적의 합보다 커야 한다는 것이다. 이는 스티븐 호킹이 증

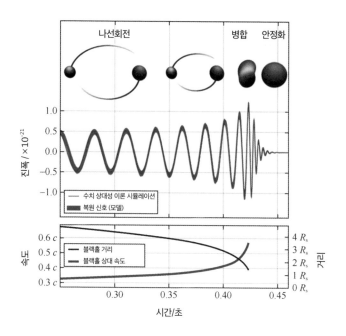

그림 7-5 두 개의 블랙홀이 병합될 때의 설명도와 관측 신호

명한 적이 있는 정리다.

블랙홀이 병합될 때 발생한 중력파를 수신한 다음 또 다른 비슷한 중력파 신호가 수신되었다. 앞서 언급했듯이, 첫 번째는 2015년 미국의 라이고(LIGO)가 관측한 GW150914다. 같은 해 12월 26일에 또 두 번째 신호가 관측되었다. 2017년 1월 4일에도 관측되었다. 2017년 8월 14일에, 이탈리아의 VIRGO 간섭계('비르고'라고 함)와 미국의 라이고 모두 중력파 신호를 관측했는데, 비르고에서 수신한 신호는 부정확해서 라이고의 데이터만큼 좋지는 않았다. 특히 중요한 건 2017년 8월 17일에 관측한 신호인데, 그 이전에는 중력파 신호만 관측되었고 어떤 전자기파 신호도 관측된 적이 없었다. 두 개의 블랙홀이 충돌할 때 어떤 광학 현상을 본 사람이 없었던 것

이다. 하지만 2017년 8월 17일에 과학자들은 동시에 광학 현상을 관측했다. 중력파를 관측한 다음 1.7초 후에 감마선(γ) 폭발이 관측되었고, 10시간 52분 이후에 과학자들은 감마선이 폭발한 위치에서 가시광선을 관측했다. 이 현상을 킬로노바(kilonova) 현상이라고 하는데, 이 폭발 현상에서 방출되는 빛의 세기는 일반적인 신성(노바)의 1,000배이지만 초신성의 밝기에 비하면 약 100배 정도 낮다.

이 현상은 중국의 천체물리학자 리리신(李立新)과 그의 스승 페르진스키(Bohdan Paczyński)가 예측한 천체 충돌 과정으로, 리-페르진스키 신성(Li-Paczyński Novae)이라고 부르기도 한다. 리리신은 베이징대학교 학부를 졸업했고, 베이징사범대학교에서 리우랴오의 석사 연구생으로 일반 상대성 이론을 공부했다. 나중에는 미국에서 박사 학위를 받았고, 지금은 베이징대학교의 카블리 천문 및 천체 물리 연구소(科維理, Kavli Institute for Theoretical Sciences)에서 교수를 맡고 있다.

2017년 8월 17일의 관측에서는 중력파 GW170817을 수신하고 1.7초 후에 감마선 폭발, 10시간 52분 후에 가시광선을 관측했다. 11시간 56분 이후에는 적외선을 수신하고 15시간 이후에는 자외선을 수신했다. 그리고 9일 이후에는 X선을 관측했고 16일 이후에는 라디오파(무선 전파)를 관측했다.

이런 현상이 관측된 건 아마 전체 과정에서 여러 가지 주파수의 전자기파가 발생한 시간에는 차이가 있기 때문일 것이다. 또는 이 전자기파가 우주 공간으로부터 전달될 때, 전달 경로에서 어떤 물질과 충돌했을 수 있다. 예를 들면 우주 먼지, 기체와 같은 물질은 서로 다른 파장의 전자기파에 대해 굴절률이 다르고 전자기파의 전파 속도에 영향을 줄 수 있다. 물론이는 모두 추측일 뿐이다. 현재 GW170817은 중성자별에서의 병합 과정에서 발생한 중력파로 생각되며, 병합된 결과는 블랙홀일 수도 있고 여전히 중성자별일 수도 있는데, 이는 확실하지는 않다.

현재 중국에는 타이지(太极) 계획과 텐진(天琴) 계획으로 중력파를 탐지하려고 있으며, 우주 초기의 중력파를 탐지하려는 사람 등도 있다. 나중에 이 내용에 대해 소개하도록 하겠다.

우주는 어떻게 생겨났는가

일반 상대성 이론이 현재 우주학에 끼친 영향에 대해 다시 살펴보자. 아인슈타인은 가장 처음에 일반 상대성 이론을 만족하는, 유한하지만 닫혀 있는 우주론을 제시했고, 나중에는 이 이론이 실제 관측 결과에 부합하지 않는다는 걸 발견했다. 우리가 보는 멀리 있는 은하에는 모두 적색편이 현상이 있고, 모든 멀리 있는 은하는 우리 은하계에서 멀어지고 있는 것처럼 보인다. 이는 우주가 정지 상태에 있지 않다는 걸 알려준다.

여러분도 알다시피 우리의 은하계에는 대략 2,000억 개의 태양과 같은 항성이 있다. 우리 은하계와 같은 은하계는 우주에도 매우 많다. 사람들은 일찍이 대부분의 다른 은하계가 우리에게서 멀어지고 있다는 걸 발견했다. 우주는 실제로 팽창하고 있으며 적어도 현재 단계에서는 팽창하는 중이다. 미래에도 영원히 팽창할 것인지 아니면 어느 정도까지 팽창했다가 다시 수축할 것인지 현재로서는 아직 확정할 수 없다. 우리가 확정할 수 있는 것은 현재 우주가 팽창 중이라는 것이다. 사람들은 일반적으로 우주는 초기에는 비교적 작았지만, 그 이후에 점점 팽창해서 커졌다고 생각한다.

빅뱅에 관해서는 필자는 두 가지 점만을 생각한다. 첫 번째, 사람들은 빅뱅에 대해 어느 정도 잘못된 생각을 하고 있다. 어떤 사람은 빅뱅 이전에는 하나의 시공간이 있었고 중간에는 특이점이 있었는데, 갑자기 특이점이 폭발해서 생성된 물질이 전체 우주 공간에 확산되었다고 생각한다. 또는 빅뱅은 무의 상태에서 생겨난 것으로, 아무것도 없는 허무 공간의 어느 곳에서 폭발이 한 차례 발생했고, 물질은 폭발 중 생성되어 점점 확산되기 시작했다고 말하기도 한다. 이러한 견해는 모두 틀린 것이다.

〈그림 7-6〉 첫 번째 행의 그림을 보면, 먼저 공간이 있었고 공간에는 원래 아무것도 없었다. 나중에 공간의 어떤 곳에서 갑자기 폭발이 발생하면서 물질이 생성되었다. 공간의 각 점에 있는 물질의 밀도는 서로 다르기 때문에 물질은 확산되기 시작했으며, 점점 전체 공간을 채우게 된다. 이런 그림의 설명은 틀린 것이다.

현대 우주학에서는 폭발 전에 물질만 없었던 것이 아니라 시공간도 없었다고 여긴다. 폭발하는 그 순간에, 공간, 시간, 물질이 함께 생성되었고,

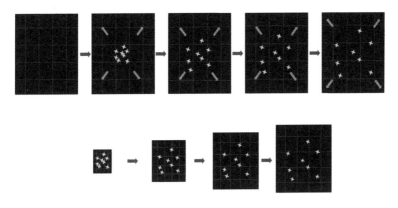

그림 7-6 우주의 형성 과정

따라서 우주의 물질에는 확산 과정이 없었다. 최초에 우주 공간의 각 점의 밀도는 동일했지만 시간의 변화에 따라 밀도가 감소한다. 공간의 면적은 늘어났지만, 물질의 총량은 변하지 않았기 때문이다. 하지만 언제든지 물질의 분포는 공간에서 균등하므로 밀도의 차이가 존재하지 않는다. 〈그림 7-6〉의 두 번째 행의 그림이 우주의 형성 과정을 정확하게 묘사하고 있다.

두 번째, 우주가 폭발하기 전에는 시간이 존재하지 않았다. 사실 이러한 견해는 처음에 과학자들이 아니라 신학자들이 제시한 것이다. 중세 시대에 하느님이 우주를 창조했다는 걸 믿지 않는 사람들이 일부러 신학자들을 괴롭히면서 대답하기 곤란한 질문들을 했다. 예를 들어 하느님이 우주를 창조하기 전에, 하느님은 무엇을 하고 있었는가? 이 일에 대해 신학자들은 함부로 말할 수가 없었는데, 『성경』에서는 하느님이 그때 무엇을 하고 있었는지 알려주지 않기 때문이다. 어떤 신학자는 매우 화가 나서 질문한 사람에게 화를 내며 말했다. "하느님에게 감히 이런 질문을 하는 사람에게는 지옥이 예비되어 있습니다." 하지만 감히 이런 질문을 하는 사람은 하느님의 존재를 전혀 믿지 않기에 그런 말을 무서워하지 않았다. 나중에 성 아우구스티누스라는 비범한 신학자가 나타났다. 이 사람이 나서서 시간은 세계와 함께 하느님이 창조한 것이며, 하느님은 시간 밖에 계시므로 하느님이 세계를 창조하기 전에는 시간이란 존재하지 않았다고 주장했다. 현대의 과학자들도 시간과 공간은 모두 물질과 함께, 빅뱅에서 생성된 것으로 생각한다. 대폭발 전에는 시간은 존재하지 않았고, '과거'도 존재하지 않았다. 따라서 일부 신학적인 관점이 과학자들에게 받아들여졌다는 걸 알 수 있다.

우주론적 적색편이는 도플러 효과가 아니다

또 다른 중요한 현상이 있는데, 바로 먼 은하에서 방출한 빛에는 거의 모두 적색편이가 일어나고, 매우 적은 숫자만 청색편이가 일어난다. 이는 도플러 효과일까? 최초에 이 현상을 관찰한 사람들은 도플러 효과라고 생각하면서 공간에서 은하계들이 멀어지고 있다고 생각했다. 만약 은하계가 우리를 향해 날아온다면 청색편이고, 멀어진다면 적색편이며, 에드윈 허블도 이 견해에 동의했다. 하지만 이러한 견해는 현재에 와서 보기에는 문제가 있다. 과학자들이 자세한 관측을 통해 내린 결론은, 청색편이를 일으키는 아주 적은 수의 은하계는 모두 우리의 은하계와 동일한 은하군에 있다는 것이다. 이 은하군의 은하계는 질량 중심을 둘러싸고 상대적인 운동을 하고 있으며, 어떤 은하계는 서로 가까워지고 어떤 은하계는 서로 멀어진다. 우리를 향해 가까워지는 은하는 청색편이가 일어나고 멀어지는 은하는 적색편이가 늘어난다. 이는 확실히 도플러 효과다. 하지만 우리 은하군 밖에 있는 은하계는 모두 적색편이만 일어나고 청색편이는 찾아볼 수 없다. 그리고 우리에게서 은하가 멀리 있을수록 적색편이가 더 심하게 일어난다. 이 현상을 간단하게 도플러 효과라고 할 수는 없다. 〈그림 7-7〉에서 좌측에 배열된 그림에 도플러 효과가 묘사되어 있다. 이 그림에서 우측은 지구고 좌측은 광원이다. 지구에 있는 사람은 이 광원이 자신에게서 멀어지는 것을 관측했고, 따라서 도플러 적색편이처럼 느끼게 된다.

이 견해에 따르면, 만약 지구가 광원의 오른쪽에 있다면 청색편이를 보게 될 것이다. 하지만 우리가 지구에서 보는 멀리 있는 은하계는 모두 적색편이 현상만 보이고 청색편이는 관찰되지 않는 이유는 무엇일까? 따라서

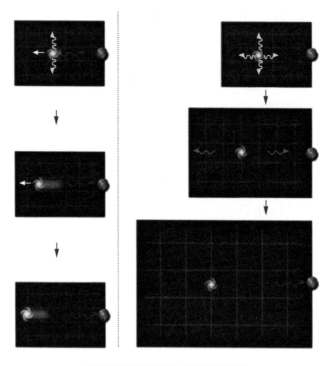

그림 7-7 우주론적 적색편이는 도플러 효과가 아니다

도플러 효과로 멀리 있는 은하계의 적색편이(우주론적 적색편이라고 한다)를
설명하는 건 큰 문제가 있다. 실제 상황은 어떨까? 〈그림 7-7〉 우측에 배
열된 그림의 상황과 같다. 독자가 보고 있는 은하계는 먼 곳의 위치에서 움
직이지 않고, 지구도 원래의 위치에 움직이지 않는다. 어떤 변화가 생긴 걸
까? 공간 자체가 늘어난다. 〈그림 7-7〉의 공간은 수많은 격자로 나누어져
있다. 공간이 늘어난다는 건 광원과 지구 사이의 거리의 격자가 더 많아지
는 걸 의미하는 게 아니라, 각 격자의 크기가 증가하는 것이다. 따라서 광
원의 여기저기에 위치한 사람들은 광원에서 방출된 빛이 적색편이를 일으
킨다고 생각하게 된다. 즉 우리가 지구에서 보는 주변의 모든 은하계는 모

두 적색편이 효과를 일으킨다. 이 적색편이는 도플러 효과가 아닌데, 도플러 효과는 광원이 관측자에 대해 운동할 때 발생하는 효과다. 하지만 먼 은하계에서 발생되는 적색편이는 은하계가 지구에 대해 운동하기 때문에 생기는 것이 아니다. 은하계는 움직이지 않고 지구도 움직이지 않는다. 단지 지구와 은하 사이의 공간 거리가 계속해서 팽창하는 것이다. 이렇게 발생된 우주론적 적색편이는 도플러 효과가 아니라 공간 팽창의 효과다.

암흑 물질과 암흑 에너지의 불가사의

암흑 물질과 암흑 에너지에 대해서는 두 가지 점만 이야기하려고 한다.

첫 번째는 암흑 물질과 암흑 에너지라는 개념이 어떻게 제시되었는가 하는 것이다. 현재 학술계에서는 우주 공간에는 많은 암흑 물질이 존재하고, 많은 암흑 에너지가 존재한다고 생각한다. 암흑 물질 문제는 왜 제기되었을까? 암흑 물질을 제시한 주된 이유는 은하계의 회전운동을 설명하기 위해서다. 은하계의 회전운동은 대체로 일종의 원주 운동이다. 뉴턴의 역학에 따르면 은하 원반에서 항성이 운동하는 선형 속도 또는 각속도는 항성에 작용하는 구심력과 확정적인 관계가 있다. 다시 말해서 은하 원반 위의 항성이 이동하는 선형 속도나 각속도를 근거로 항성에 얼마나 큰 구심력이 작용하는지 알 수 있다. 이 구심력의 근원은 무엇일까? 은하계 중심에 있는 물질의 만유인력일 수밖에 없다. 하지만 나중에 사람들은 은하계 중심에 있는 물질에서 발생하는 만유인력은, 은하 원반 위의 항성의 원주 운동을 유지하기에는 부족하다는 걸 발견했다. 만유인력을 발생시키는 물질에는 우리가 볼 수 있는 가시광선을 발생시키는 항성만 있는 것이 아니라, 다른 물질이 있어야만 하는 것처럼 보였다. 그리고 이 물질의 분포는 한 점에 모여 있는 것이 아니고, 구형 형태도 아니며, 편평한 타원체 형태를 이룬다.

하지만 실제로는 우리가 이 물질을 보지 못했기 때문에 어떤 사람은 우리가 볼 수 없는 일종의 '암흑 물질'이 있다고 생각했다. 이 물질은 빛에 대해 투명하며 어두운 게 아니다. 만약 어둡다면, 우리는 어둠은 빛을 차단하기 때문에 이 암흑 물질을 볼 수 있어야 한다. 암흑 물질은 전자기 상호작용에 관여하지 않고, 빛을 발생시키거나 빛을 차단하지도 않으며, 빛에 대해 투명하지 않지만 만유인력을 발생시킨다.

암흑 에너지는 무엇일까? 암흑 에너지라는 개념이 나온 이유는 우주가 이전에 생각했던 것처럼 폭발한 다음 계속해서 감속 팽창하는 것이 아니라, 대략 60억 년 전에 감속 팽창에서 가속 팽창으로 바뀌었다는 걸 과학자들이 근 수십 년 동안 발견했기 때문이다. 따라서 반발 효과를 도입해서 이 현상을 설명하려고 한 것이다. 과학자들은 또 다른 '암흑' 물질이 있다고 가정했는데, 암흑 물질이라는 용어는 이미 사용되었기에 과학자들은 이 물질을 암흑 에너지라고 불렀다. 암흑 에너지도 투명하기에 우리는 볼 수 없지만, 암흑 에너지가 발생시키는 압력은 음의 부호이므로 암흑 에너지에는 반발 효과가 있다.

암흑 물질과 암흑 에너지는 우주 물질의 절대다수를 차지한다. 〈그림 7-8〉에는 일반적으로 우리가 잘 알고 있는 물질이 있는데, 이는 우주 전체 물질의 5%도 되지 않는다. 우주에서 물질 총량의 30%를 차지하는 건 만유인력 효과를 발생시키는 암흑 물질이며, 65% 정도의 물질은 반발 효과

	별	약 0.5%
	먼지와 기체	약 4%
물질	중성미자	약 0.3%
	암흑 물질	약 30%
	암흑 에너지	약 65%

그림 7-8 우주 물질의 구성

(음의 압력)를 발생시키는 암흑 에너지다.

　필자가 강조하고 싶은 점은, 암흑 물질과 암흑 에너지 이 두 물질은 사실상 전자기 상호 작용에 관여하지 않으며, 두 물질은 투명하고 결코 검은색 덩어리가 아니라는 것이다.

　두 번째로, 암흑 물질이 덩어리로 된 구조다. 우주가 탄생한 날부터 생성된 볼 수 있는 물질과 암흑 물질의 양은 이 정도를 유지해왔다. 따라서 우주가 팽창함에 따라 암흑 물질의 밀도와 볼 수 있는 물질의 밀도는 점점 작아진다. 암흑 에너지는 이와는 다른데, 암흑 에너지는 균일하게 분포되어 있고 우주가 팽창하는 과정에서 밀도가 변하지 않았다. 우주가 팽창함에 따라, 밀도가 변하지 않는 우주의 암흑 에너지는 점점 많아지고 그에 따라 반발 효과가 점점 강해진다.

　우주의 암흑 에너지의 반발 효과는 점점 암흑 물질과 보이는 물질의 끌어당기는 효과보다 커졌고, 우주를 감속 팽창에서 가속 팽창으로 변화시켰다.

제8과

볼 수 없는 별을
예측하다

라플라스와 미첼이 예측한 암흑성

역사에서 처음으로 블랙홀이라는 천체에 대해 비교적 과학적으로 묘사한 시기는 18세기 말과 19세기 초의 나폴레옹 시대였다. 영국의 케임브리지대학교 감독관 존 미첼, 프랑스의 유명한 천체물리학자인 피에르 라플라스는 암흑성이 존재한다고 예측했다. 만유인력이 강하게 작용하는 탓에 이 암흑성은 자신이 발생시킨 빛을 끌어당겨 올 수 있고, 외부에 있는 사람은 이 암흑성을 볼 수 없다.

라플라스는 자신의 과학 저서 『우주 체계 해설(Exposition du systeme du monde)』과 거작 『천체역학(Traité de mécanique céleste)』에서 암흑성에 대해 묘사한 적이 있다. 그는 우리 눈에 보이지 않지만 하늘에는 항성만큼 큰 천체가 많이 있으며, 이 천체는 지구와 밀도가 동일하고 직경이 태양의

250배에 달하는 밝은 별이라고 했다. 그의 설명에 따르면 이 천체에서 발생한 빛은 천체 자체의 중력에 붙잡혀 우리에게 도달하지 못하며, 따라서 우주에서 가장 밝은 천체를 우리는 보지 못할 가능성이 높다.

당시에는 뉴턴의 빛의 입자설이 우세를 차지하고 있었다. 라플라스는 항성이 보낸 빛이 대포에서 발사된 포탄과 비슷하다고 생각했다. 만약 포탄의 속도가 중력을 극복할 수 있다면 포탄은 대기를 뚫고 날아갈 것이다. 중력을 극복할 수 없다면 지구는 포탄을 '붙잡아' 돌아오게 만들 것이다. 마찬가지로 항성이 빛을 발생시킬 때 발사된 광자가 항성의 중력을 극복할 수 있다면, 광자는 우리에게 날아오게 되고 이것이 우리가 보는 대부분의 경우다. 하지만 라플라스는 또 다른 상황이 존재할 가능성이 있다고 말했다. 이 항성의 중력이 광자를 붙잡아 되돌아오게 할 만큼 크다면 우리는 이 항성을 볼 수 없다. 이것이 라플라스가 당시에 한 예측이다.

라플라스의 시대에는 아직 에너지라는 개념이 없었지만 뉴턴 역학이 있었다. 그는 만유인력 법칙과 뉴턴의 제2법칙에서 이 결론을 도출했다. 현재는 뉴턴의 만유인력 법칙과 역학 3법칙(뉴턴 운동 법칙)을 기초로 에너지의 개념에서 이 결론을 설명하는 편이 더 간단하다.

우리는 어떤 물체가 운동할 때의 운동에너지는 $\frac{1}{2}mv^2$이라는 걸 안다. 여기서 광자와 일반적인 물체가 동일한 하나의 실제 입자라고 가정하면, 이 입자의 질량은 m이고 속도는 c가 된다. 하지만 라플라스의 시대에 사람들은 빛의 속도가 제한되어 있으며 하나의 상수라는 걸 아직 알지 못했다. 또한 이 광자가 항성의 표면에서 발사될 때 항성의 질량을 M, 항성의 반지름을 r, 만유인력 상수를 G라고 하면 이 광자의 항성 표면에서의 위치 에너지는 $-\dfrac{Gmm}{r}$ 이다. 만약 광자의 운동 에너지가 위치 에너지보다 커질 수 있다면 광자는 날아갈 것이다. 만약 (식 8-1)처럼 운동 에너지가 위치 에너지보다 작다면 광자는 날아갈 수 없다.

$$\frac{GMm}{r} \geq \frac{1}{2}mc^2 \qquad \text{(식 8-1)}$$

$$r \leq \frac{2GM}{c^2} \qquad \text{(식 8-2)}$$

(식 8-1) 양쪽의 m을 제거하면 (식 8-2)를 얻을 수 있다. 만약 항성의 반지름 r과 항성의 질량 M이 (식 8-2)를 만족하면 이 항성은 우리가 볼 수 없는 암흑성이다.

하지만 오늘날 우리가 보기에 라플라스의 추론 과정에는 두 가지 오류가 있다. 첫 번째, 우리는 광자의 에너지(운동 에너지)는 $\dfrac{1}{2}mc^2$이 아니라 mc^2이라는 걸 안다. 두 번째, 라플라스는 만유인력 법칙을 이용해 설명했지만, 만유인력 법칙으로는 블랙홀과 같은 천체를 설명할 수 없으며, 이를 설명하기 위해서는 시공간 왜곡 이론을 이용해야 한다. 즉 일반 상대성 이론으로만 정확한 설명이 가능하다. 만유인력 법칙을 이용해 밀도가 높은 천체를 해석하면 오차가 너무 크기 때문이다. 태양과 같은 천체는 만유인력 법칙으로 해석해도 정확한 결과가 나온다. 태양계 내의 천체 운동의 경우, 만유인력 법칙으로 정확히 해석할 수 있으며 일반 상대성 이론과 차이가 있는 실험을 찾기는 어려울 것이다. 태양보다 밀도가 훨씬 큰 백색왜성의 경우도 큰 문제없이 만유인력 법칙으로 해석할 수 있다. 하지만 만유인력 법칙을 이용해 중성자별을 해석하려고 하면 문제가 비교적 커진다. 그리고 블랙홀에 만유인력 법칙을 적용하면 완전히 틀린 결과가 나온다.

하지만 두 가지 오류로 생긴 영향이 마침 서로 상쇄되기에 라플라스는 옳은 결과를 얻을 수 있었다.

라플라스는 나폴레옹의 비위를 맞추면서도 스스로에 대한 자부심이 있는 사람이었다. 나폴레옹은 과학을 매우 중시했다는 면에서 훌륭한 사람이었다. 그는 라플라스가 훌륭한 저서인 『천체역학』을 썼다는 말을 듣고 책을 가져와 읽었다. 책을 읽은 다음 그는 라플라스에게 다음과 같은 질문을 했다. "당신의 이 책에는 왜 하느님이 한 일에 관한 언급이 없습니까?" 라플라스는 이렇게 대답했다. "저에게는 그런 가정이 필요하지 않습니다." 그에게는 하느님이 존재한다는 가정이 필요하지 않으며 그의 이론만 이용해도 충분하다는 것이다.

라플라스는 그의 『천체역학』의 초판과 제2판에서 암흑성에 대해 언급하지만, 제3판에서는 암흑성에 관한 내용을 삭제했다. 이는 제2판과 제3판 판본이 출판된 사이에 토마스 영이 이중 슬릿 간섭 실험을 완성하여 빛은 입자가 아니라 파동이라고 설명했기 때문이다. 그래서 라플라스는 자신이 뉴턴의 빛의 입자설을 이용해 얻은 결론을 신뢰할 수 없다고 생각해서 암흑성과 관련된 부분의 내용을 삭제했다.

오펜하이머가 다시 암흑성을 예측하다

암흑성이라는 개념은 1939년 미국의 물리학자이자 '원자폭탄의 아버지'라 불리는 줄리어스 로버트 오펜하이머의 예측을 통해 다시 세상에 모습을 드러낸다. 당시 미국은 아직 제2차 세계대전에 참전하지 않았고 유럽 전장에서 이제 막 전쟁이 시작된 참이었다. 오펜하이머는 원자폭탄 연구에 아직 참여하지 않고 천체물리와 이론물리를 연구하고 있었다. 중성자별에 관한 예측이 나오던 이 시기에 오펜하이머는 중성자별을 연구하면서 일반 상대성 이론을 기반으로 중성자에는 최대 질량이 존재한다는 점을 지적했다. 이 최대 질량을 초과한 중성자별은 중력 붕괴가 일어나 암흑성이 되며 이 별에서 발생하는 빛은 외부로 나올 수 없다. 오펜하이머가 도출한 암흑성이 되는 조건은 라플라스가 얻은 조건과 동일하며 (식 8-3)과 같다. 오펜하이머가 얻은 공식은 아인슈타인이 묘사한 공간 왜곡의 상대성 이론과 정확한 광자 운동 에너지 공식 $E_k = mc^2$을 사용한 것이다. 하지만 도출된 결과는 라플라스가 얻은 결과와 동일하다.

$$r_g = \frac{2GM}{c^2}$$
(식 8-3)

오펜하이머는 암흑성 이론을 제시했으나 연구를 계속 진행할 수는 없었다. 제2차 세계대전이 발발한 탓에 서둘러 원자폭탄을 만들어야 했고, 그는 첫 번째 원자폭탄의 총책임자를 맡는다. 참고로 그의 암흑성 이론은 대다수 물리학자에게 지지를 얻지 못했다.

그 이유는 다음과 같다. 태양의 반지름은 대략 70만 킬로미터이고, 밀도는 대략 1.4g/cm^3이다. 만약 태양이 블랙홀을 형성한다면 (식 8-3)을 이용해서 태양의 질량을 대입했을 때, 이 천체의 반지름은 3킬로미터이고 밀도는 100억 톤/cm^3가 된다. 이 밀도는 한마디로 상상할 수 없는 숫자다. 당시 사람들이 추측한 밀도가 가장 큰 천체는 백색왜성뿐이었는데, 백색왜성은 밀도가 1톤/cm^3이 안 되거나 최대 약 1톤/cm^3밖에 되지 않았다. 따라서 아인슈타인을 비롯해 에딩턴과 같은 사람들은 오펜하이머의 연구 결과를 믿지 않았다.

사실 블랙홀의 밀도가 반드시 클 거라고 생각하는 건 일종의 잘못된 생각이다. 어떤 천체의 밀도는 그 천체의 질량을 부피로 나눈 값이다. 우리가 이 천체를 하나의 구체로 간주한다면 이 천체의 부피는 천체 반지름의 세제곱과 정비례한다. 하지만 블랙홀의 반지름은 블랙홀의 질량과 정비례한다는 특징이 있다. 따라서 블랙홀의 질량을 블랙홀의 부피로 나눠서 블랙홀의 밀도를 구하면 $\frac{질량}{부피} \propto \frac{M}{r_g^3}$ 의 관계가 성립한다. 여기서 분자에는 M이 있고 분모에는 r_g^3이 있다. ($r_g \propto M$)이다. 따라서 블랙홀의 밀도는 블랙홀 질량의 제곱과 반비례 관계가 성립하며, 질량이 큰 블랙홀일수록 밀도는 작아진다. 태양 질량과 동일한 블랙홀의 밀도는 100억 톤/cm^3로, 상상할 수 없을 만큼 큰 숫자다. 하지만 만약 태양 질량의 1억 배인 블랙홀, 예를 들면 은하계 중심에 있는 블랙홀 같은 경우 밀도는 기본적으로 물의 밀도와 큰 차이가 없다. 따라서 블랙홀의 밀도가 반드시 클 거라고 생각하는 건 과학자들이 블랙홀을 처음 연구했을 무렵의 잘못된 견해일 뿐이다. 사실 우리는 나중에 블랙홀의 밀도에 대해 이야기하는 것이 의미 없음을 알게 될 것이다. 이유가 무엇일까? 블랙홀 안은 모두 텅 비어 있기 때문이다.

오, 선녀님, 저에게 키스해주세요!

이제 한 항성이 블랙홀로 변할 수 있는 가능성이 있는지, 어떤 경로를 거쳐 변하게 되는지를 살펴보자. 〈그림 8-1〉은 'H-R 도표'라고 부르는데 아이나르 헤르츠스프룽과 헨리 러셀이라는 두 천문학자가 정리한 것이다. H-R 도표는 항성의 광도와 온도 사이의 관계를 알려준다.

이 도표의 세로축은 항성의 광도다. 광도는 항성의 실제 발광 효율로 실제 밝기를 가리킨다. 이 밝기는 우리가 육안으로 보는 별의 밝기와는 다른데, 육안으로 보는 별의 밝기는 항성 광도로 일반적으로 겉보기 등급을 사용해 표시한다. 어떤 별이 밝은지 안 밝은지는 주로 두 가지 요소로 결정된다. 하나는 항성 자체의 광도이며 다른 하나는 항성과 우리 사이의 거리다. 만약 이 항성의 광도가 매우 크더라도 우리에게서 멀리 떨어져 있으면, 우리가 볼 때도 어두워 보이고 겉보기 등급도 크다(정의에 따르면 어두운 별일수록 겉보기 등급이 커진다).

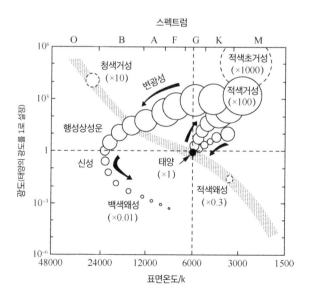

그림 8-1 H-R 도표

일반적으로는 절대 등급을 사용해 광도를 반영한다. 모든 항성을 하나의 표준 거리에 놓고 환산한 다음 우리 눈에 보이는 항성의 겉보기 등급을 그 항성의 절대 등급이라고 한다. 절대 등급은 항성의 실제 발광 효율을 반영하는 광도가 된다. 따라서 광도(절대 등급)는 항성의 거리와는 관계가 없으며 항성의 실제 발광 능력을 반영한다.

H-R 도표의 세로축은 광도, 가로축은 온도다. 항성의 온도는 스펙트럼을 보면 알 수 있다. 온도가 비교적 낮은 항성은 붉은색 빛을 방출하며 적외선을 방출하기도 한다. 온도가 비교적 높은 경우는 청색, 적외선, X선 등 파장이 비교적 짧은 빛을 방출한다. 항성이 주로 단파장 계열의 빛을 방출한다면 온도가 높은 것이다. 그리고 장파장 계열의 빛을 방출하는 항성은 온도가 비교적 낮다. 태양의 온도는 대략 6,000K로 주로 노란색 빛을 방출한다. 붉은색 빛은 대략 4,000K다. 만약 파란색 빛을 방출하면 온도가 보통 8,000K, 10,000K다.

〈그림 8-1〉에서 항성은 각각의 광도와 온도에 따라 좌표계에서 하나씩 표시되어 있다. 많은 수의 항성이 좌측 상단에서 우측 하단으로 내려오는 띠 모양 영역에 집중되어 있는 걸 볼 수 있는데, 이를 주계열이라고 부른다. 주계열에 있는 항성을 주계열성이라고 한다. 또한 주계열의 우측 상단에는 적색거성이 있고 좌측 하단에는 백색의 백색 왜성이 있다.

〈그림 8-1〉에 있는 O, B, A, F, G, K, M의 알파벳은 항성의 스펙트럼 유형이다. O 유형의 경우 가장 왼쪽에 있는 영역이고, 나머지 유형도 각각의 위치에 있다는 걸 알 수 있다. 스펙트럼 유형은 항성의 스펙트럼선의 특징에 따라 분류한 것이다. 나중에 사람들은 이 항성의 분류 방법이 온도에

따른 배열과는 전혀 별개라는 걸 깨달았다. 스펙트럼과 온도가 연관되긴 하지만 항성의 배열순서가 완전히 일치하지는 않았다. 항성을 이렇게 배열하니 천문학을 처음 배우는 사람들은 스펙트럼 유형 순서를 외우기가 어렵다고 생각했다. 그래서 어떤 사람이 외우기 쉽게 다음과 같은 이야기를 만들었다. 한 남자가 천문학을 배우고 나서 처음으로 천문대에 가서 망원경을 통해 오색찬란하게 빛나는 별을 보고는 아름다움에 감탄하며 다음과 같이 말했다. "Oh, be a fine girl, kiss me!" 이 말의 의미는 "정말 선녀와 같군요. 저에게 키스해 주세요"라는 뜻이다. 각 단어의 첫 번째 알파벳은 바로 스펙트럼 유형을 배열한 순서에 따른 것이다.

제 9 과

항성의 진화,
50억 년 이후
태양은 어떻게
변할까

항성의 일생

이제 항성의 진화에 대해 살펴보자. 〈그림 9-1〉은 항성의 진화 과정을 설명하고 있다. 우주가 탄생할 때는 고온 상태였고 이때의 물질은 대부분 수소 원소였다. 수소 원소는 고온 상태에서 열핵 반응을 일으키고 점점 합쳐서 헬륨이 되는데, 비율의 20% 정도는 헬륨이고 70% 정도는 수소다. 우주의 팽창에 따라 이러한 기체들은 냉각되고 분산되면서 열핵 반응이 중지된다. 분산된 기체의 밀도는 완벽하게 균일하지는 않다. 이렇게 기체들이 응집되고 수축되어 하나의 덩어리가 되며, 이 덩어리는 수축할수록 작아진다. 이 기체들이 수축하는 과정에서 만유인력의 위치 에너지는 열에너지로 전환되고 기체 덩어리의 온도는 상승한다. 비교적 작은 기체 덩어리의 온도는 약간만 상승해서 큰 변화가 없다. 하지만 큰 기체 덩어리는

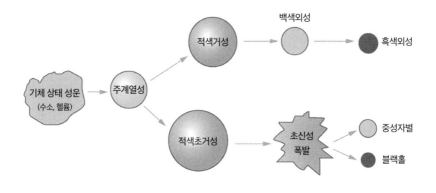

그림 9-1 항성의 진화 과정

수축한 다음 온도가 매우 높이 올라갈 수 있는데, 1,000만 K나 1억 K의 고
온까지 올라갈 수 있다. 이때 다시 수소가 합쳐서 헬륨이 되는 열핵 반응
이 일어나고 항성이 형성되어 빛을 내기 시작한다. 여기서 발생하는 에너
지가 계속해서 항성에게 보충되어 항성 스스로 매우 높은 온도 상태를 유
지한다. 따라서 열핵반응은 계속해서 진행될 수 있다.

　이 단계에 있는 항성을 주계열성이라고 하는데 주계열성은 H-R도에서
주계열의 대각으로 된 '띠' 위에 분포하고 있다. 태양은 하나의 주계열성
으로 태양의 열핵 반응은 주로 수소가 연소되어 헬륨을 생성하는 반응이
다. 주계열성 중심 부분의 수소가 모두 연소된 다음 주계열성은 팽창하기
시작하고, 팽창하는 과정에서 열핵 반응이 점점 바깥쪽으로 이동한다. 이
때 온도는 조금 낮아지고, 바깥쪽에서 수소가 합쳐져 생성된 헬륨은 중심
부로 낙하하여 적색거성이 된다. 적색거성이 생성한 헬륨은 중심부로 낙하
하고 중심부의 온도는 다시 상승한다. 그 이후에 헬륨은 합쳐서 탄소와 산
소를 생성하면 밀도가 높은 백색왜성이 되는데, 백색왜성의 밀도는 1톤/cm^3

정도다. 백색왜성은 서서히 냉각되어 최후에는 흑색왜성으로 변한다. 흑색왜성은 탄소와 산소, 두 가지 원소(주로 탄소)로 이루어진 다이아몬드와 같은 물질, 또는 다이아몬드보다 더 단단한 천체다.

만약 이 항성이 태양보다 매우 커서 질량이 태양 질량의 십여 배, 수십 배가 되는 항성이라면 적색초거성이 되고, 수축하는 과정의 마지막 단계에서 한 차례 대폭발, 즉 초신성 폭발이 일어난다. 그 이후에는 중성자별이나 블랙홀을 형성할 수 있고 또는 전부 날아가서 잔해가 남지 않을 수도 있다. 중성자별의 밀도는 10억 톤/cm^3 정도 된다. 태양 질량의 블랙홀이라면 밀도는 100톤/cm^3가 될 것이다. 현재 확실히 건 백색왜성과 중성자별이 이미 발견되었다는 것이다. 백색왜성은 먼저 발견되고 나서 분석이 진행되었다. 중성자별은 먼저 예측되고 나서 발견되었다. 우리는 현재 블랙홀을 관찰했다고 주장하지만, 우리가 관찰한 것이 정말로 블랙홀인지 확정하기 위해서는 어느 정도 시간이 필요할지 모른다. 필자는 60~70% 가능성이 있다고 생각하지만 우리가 관찰한 것이 블랙홀이 아닐 수 있다. 또는 블랙홀이긴 하지만 우리가 생각하는 블랙홀과 비교적 큰 차이가 있을 수도 있다.

현재 연구 상황에 근거하면 태양의 최후 단계는 분명 백색왜성이 될 것이다. 만약 질량이 태양 질량의 1.44배가 되면 최후의 단계는 백색왜성이 되지 않고 중성자별이나 블랙홀과 같은 천체가 될 가능성이 있다. $1.44M_\odot$($M_\odot$는 태양의 질량이다)는 백색왜성의 최대 질량으로 찬드라세카르 한계라고 부른다. 하지만 항성의 질량이 태양 질량의 2배에서 3배가 되면, 최후의 단계는 중성자별도 되지 않고 블랙홀을 형성할 수밖에 없다. 따라서 이는 중성자별의 최대 질량, 즉 오펜하이머 한계가 된다. 오펜하이머 한계를 초과한 항성은 일반적으로 마지막에 블랙홀이 될 것이라고 여겨진다. 하지만 오펜하이머 한계가 정확한 것은 아니다. 완전히 중성자로만 구성된 중성자 상태 물질의 물질 상태(즉 물리적인 상태) 방정식이 현재 아직 확정되지 않은 탓에 계산 결과도 확정적이지 않다.

여러 가지 항성의 비교

이제 이러한 항성들이 중성자별이나 백색왜성을 형성하면 밀도와 부피가 대략 얼마나 되는지 알아보자. 예를 들어 태양의 반지름은 약 70만 킬로미터이며 평균 밀도는 약 1.4g/cm^3다. 태양이 백색왜성이 되면, 반지름은 약 10,000킬로미터이고 밀도는 1톤/cm^3 정도다. 태양이 중성자별이 되면, 반지름은 10킬로미터 정도고 밀도는 1억 톤/cm^3부터 약 10억 톤/cm^3까지가 된다. 중심 부분은 대략 10억 톤/cm^3고 바깥 부분의 밀도는 좀 작아서 1억 톤/cm^3 정도가 된다. 블랙홀을 형성하는 경우 반지름은 약 3킬로미터가 되고 밀도는 약 100억 톤/cm^3가 된다.

〈그림 9-2〉는 여러 가지 천체의 크기를 비교한 그림이다. 왼쪽 상단의 그림은 태양이 백색왜성이 될 때의 상황으로, 좌측의 하얀 점이 생성된 형성된 백색왜성이다. 태양의 마지막 단계가 바로 백색왜성이다. 태양은 백색왜성이 되기 전에 먼저 팽창해서 적색거성을 형성해야 한다. 태양이 형성한 적색거성은 크기가 얼마나 될까? 〈그림 9-2〉의 우측 상단의 그림을 보면, 좌측의 하얀 점이 태양이고 우측이 태양이 형성한 적색거성이다. 태양이 적색거성을 형성할 때 태양은 화성 궤도의 범위까지 커져서 지구 전체

를 감싸게 될 것이다.

태양 질량의 크기의 중성자별이 얼마나 큰지 다시 살펴보자. 〈그림 9-2〉 상단에 있는 두 장의 그림에 이 중성자별을 표시하는 건 절대 불가능한 일인데, 크기가 너무 작기 때문이다. 만약 태양이 형성한 백색왜성을 확대해서 그린다면 좌측 하단에 있는 그림과 같고 중성자별은 우측에 있는 하얀 점이다. 만약 태양 질량의 블랙홀이라면 어떨까? 중성자별과 블랙홀을 비교하면 〈그림 9-2〉 우측 하단에 있는 그림이 된다. 블랙홀과 중성자별의 크기는 사실 그다지 크지 않다는 걸 알 수 있다. 앞서 우리는 백색왜성과 중성자별이 모두 이미 발견되었다는 점을 살펴보았다. 따라서 블랙홀을 발견하는 것은 시간문제다. 최근에 블랙홀을 발견했다는 보도가 있었지만, 이런 항성급 블랙홀이 아니라 은하급 블랙홀이다. 즉 많은 이들은

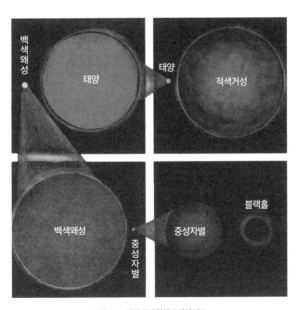

그림 9-2 여러 가지 천체 크기의 비교

은하계와 같은 항성계의 중심에는 모두 거대한 블랙홀이 있을 것이라고 생각하고 있다.

천문학계가 블랙홀을 중요하게 여긴 건 최근 20~30년 사이의 일이다. 필자는 1978년 정도에 필자가 블랙홀을 연구했을 때 천문학회 회의에 참석한 걸 기억하는데, 물리를 연구하는 사람들만이 회의에서 블랙홀에 관해 토론하고 천문을 연구하는 사람들은 별다른 의견이 없었다. 그들은 블랙홀이라는 물질을 흥미롭게 느끼긴 했지만, 블랙홀이 있는지 없는지에 대해서는 의문을 품었다. 이제는 천문학자들이 회의에서 이것도 블랙홀이고 저것도 블랙홀이라는 이야기를 하고 있지만, 물리학을 하는 사람들이 의문을 품는다. "여러분이 말하는 이 물질이 진짜 블랙홀입니까? 여러분이 말하는 블랙홀이 정말 우리 물리학자들이 원래 계산한 것과 같은 블랙홀인가요?" 하고 말이다. 진짜 블랙홀과 이전에 이론적으로 연구한 블랙홀은 서로 다를 가능성이 있고 그래서 흥미로운 변화가 생겼다. 이제 우리는 어떤 사람들이 블랙홀의 사진을 찍었다고 말하는 걸 본다. 정말 블랙홀일까? 물론 많은 사람들이 블랙홀이라고 믿지만 의심을 품고 있는 사람도 적지 않다. 이 문제는 어느 정도 시간의 연구를 거쳐야 천천히 규명될 것이다.

서북쪽을 바라보며, 천랑성을 향해 활을 쏜다

이제 인류가 발견한 첫 번째 백색왜성, 즉 천랑성(늑대별, 시리우스)의 동반성(쌍성을 이루는 두 개의 별 중 어두운 쪽을 가리킨다-옮긴이)에 대해 살펴보자. 천랑성은 중국 사람들이 붙인 이름이다. 서양 천문학에서는 하늘을 그리스 신화의 이미지에 따라 구분하여 하나하나의 별자리로 만들었는데, 예를 들면 카시오페이아자리, 케페우스자리, 안드로메다자리, 페르세우스자리, 황소자리 등이 있다. 그리고 하나의 별자리에서 가장 밝은 별을 알파(α), 그다음을 베타(β)라고 불렀고, 이 순서에 따라 배열했다. 천랑성은 큰개자리의 가장 밝은 별로 큰개자리 알파라고 부르기도 한다. 서양에서는 개라고 부르고 동양에서는 늑대라고 부르는데 큰 차이는 없어 보인다.

천랑성은 우리가 밤하늘에서 육안으로 볼 수 있는 가장 밝은 별이다. 〈그림 9-3〉에서 우측의 어두운 하늘에서 가장 밝게 빛나는 별이 천랑성, 즉 큰개자리 알파다. 천랑성은 중국 고대에서 침략을 의미하며, 침략 전쟁을 반대하는 고시에서 천랑성이 언급된 적이 있다. 예를 들어 굴원의 시에는 "擧長矢兮射天狼(거장시혜사천랑, 긴 화살을 들어 사천랑을 향해 쏜다). 操余弧兮反淪降(조여호혜반륜강, 내 활을 들고 돌아서 서쪽으로 간다)"이라는 말이 나온다. 무슨 의미일까? 천랑성은 침략을 의미하므로 '사천랑(射天狼, 천랑성을 향해 활을 쏘다)'은 침략에 반격하겠다는 뜻이다.

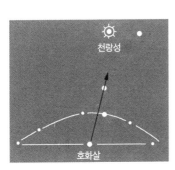

그림 9-3 천랑성을 향해 활을 쏘다

천랑성은 겨울철 해 질 무렵에 가장 쉽게 찾아볼 수 있다. 날이 막 어두워지면 남쪽 하늘의 동쪽에서 가장 밝게 빛나는 별이 천랑성이다. 천랑성의 좌측 하단에는 화살 모양의 호시성이 있는데, 천랑성을 향해 활을 쏘는 건 침략에 반격한다는 뜻이다. 이는 중국 사람들의 상상으로, 소동파와 같은 사람은 "會挽雕弓如滿月(회만조궁여만월, 조궁을 만월처럼 당겨서), 西北望(서북망, 서북쪽을 바라보고), 射天狼(사천랑, 천랑성을 향해 활을 쏜다)"이라고 노래했다. 어떤 사람들은 "천랑성은 서북쪽에 있지 않은데, 소동파는 왜 '西北望(서북망), 射天狼(사천랑)'이라고 했을까" 하고 질문한다. 첫 번째는 천랑성이 호시성의 서북쪽에 나타나기 때문이다. 두 번째는 북송의 적 중 하나는 서북쪽의 서하였고 북송과 서하의 전쟁이 계속되었기 때문이다. 따라서 "西北望(서북망), 射天狼(사천랑)"은 비유적으로 침략에 반격한다는 것을 의미한다.

천랑성이 그렇게 밝은 이유는 무엇일까? 가장 중요한 원인은 천랑성이 우리와 가깝기 때문인데, 천랑성은 지구에서 대략 9광년밖에 떨어져 있지 않다. 물론 천랑성이 태양계에서 가장 가까이 있는 항성은 아니다. 가장 가까운 항성은 프록시마 켄타우리로 우리에게서 4.2광년 떨어져 있다. 천랑성이 우리와 가깝기 때문에 사람들은 나중에 천랑성의 하늘에서의 위치가 고정되어 있지는 않다는 걸 발견했다. 우리가 지구에서 육안으로 볼 수 있는 항성들은 모두 은하계 내부의 항성이다. 이 항성들은 모두 은하계 중심을 둘러싸고 회전하고 있지만 우리에게서 멀리 떨어져 있다. 이 때문에 한 사람이 일생 동안 하늘에 있는 항성이 움직였다는 걸 알아차리기는 어렵고, 그래서 이 천체들을 항성(恒星, 변하지 않는 별)이라고 부른다. 하지만 우리가 어떤 기술을 개발해서 어떤 사람을 냉동시킨 후에 10만 년 후에 깨어나게 한다면, 이 사람은 분명 하늘을 알아보지 못할 것이다. 각 행성의 하늘에서의 상대적인 위치가 너무 크게 변했기 때문이다.

하지만 우리와 가까운 항성들을 자세히 관찰하면 항성들의 위치가 변한다는 걸 알 수 있다. 처음에는 천랑성인데, 사람들은 천랑성이 하늘에서 작은 원을 그린다는 걸 발견했다. 이 천랑성이 빙빙 도는 이유는 무엇일까? 정신이 나가서 빙빙 도는 건 아니다. 천문학자들은 만유인력 법칙을 근거로 분석을 해서 천랑성 근처에는 또 다른 별이 존재한다는 걸 확인했다. 이 별은 비교적 어두워서 우리가 볼 수 없다. 이 두 별은 공동의 질량 중심을 둘러싸고 회전하고 있다. 어떤 사람은 다음과 같은 예를 들었다. 어떤 무도회에서 한 쌍의 남녀가 춤을 추고 있는데, 남자는 검은색 드레스를, 여자는 하얀색 원피스를 입고 있다. 조명이 점점 어두워진 다음, 젊은이는 보이지 않고 하얀색 옷을 입은 여자가 빙빙 돌고 있는 모습만 보였다. 여자가 회전하는 이유는 무엇일까? 파트너가 그녀를 끌어당기고 있기 때문이다. 천랑성이 회전하는 이유도 어떤 물체가 천랑성을 끌어당기고 있기 때문이다.

나중에 과학자들은 천랑성에 하나의 동반성이 있다는 걸 발견했다(《그림 9-4》). 하지만 이 별은 큰개자리 베타(β)가 아니다. 이 별은 천랑성 B라고 부르는데, 이 별은 천랑성에서 매우 가까이 있고 망원경을 사용해야만 볼 수 있다. 이 별은 백색왜성이다. 이 백색왜성의 밀도는 2.5톤/cm^3이고 표면온도는 25,000K 정도다. 몇 년 전에는 이 별의 온도가 10,000K고, 밀도는 약 1톤/cm^3라고 이야기했는데, 최근에 수정된 계산 결과에서는 2배가 넘게

그림 9-4 천랑성과 천랑성 B

늘어났다.

어떤 사람은 천문학적으로 계산값이 어떻게 이렇게 큰 차이가 날 수 있는지 의아해할지 모른다. 항성은 우리에게서 멀리 떨어져 있기 때문에 자릿수를 맞출 수 있다는 것만으로도 좋은 결과라고 할 수 있다.

50억 년 후 태양은 어떻게 변할 것인가

이제 태양의 진화 과정에 대해 살펴보자. 우리는 주계열성 내부에서는 수소가 연소하여 헬륨을 생성하는 반응이 주로 일어난다는 걸 안다. 이 반응에 필요한 온도는 대략 1,500만 K로 태양 중심 부분의 온도가 대략 1,500만 K인 것과 같다. 중심 부분의 수소가 연소하여 헬륨이 된 다음 외부에 있는 수소도 연소하기 시작하고, 이때 태양은 팽창하기 시작하여 적색거성이 된다. 수소가 연소하여 생성된 헬륨은 중심으로 모이고 중심부의 온도는 더욱 상승한다. 온도가 1억 K 정도 되면 헬륨은 열핵반응을 더 일으키고 헬륨이 합쳐져 탄소와 소량의 산소를 형성한다. 막 탄소와 산소가 생성될 때는 아직 이 항성이 백색왜성이라고 말할 수 없다. 백색왜성은 특수한 물질 상태에 있는 항성으로, 이 물질 상태는 우리가 일반적으로 알고 있는 물질 상태와는 차이가 있다.

먼저 적색거성 단계에 관해 살펴보자. 태양은 먼저 적색거성이 되고 그다음 다시 축소되어 백색왜성이 된다. 앞서 태양의 현재 반지름이 대략 70만 킬로미터라는 것을 이야기했다. 태양은 적색거성이 되는 과정에서 더 크게 팽창한 다음 가장 먼저 수성과 금성을 집어삼킨다. 그다음 지구에 있는 호수와 바다를 모두 말려버린 후에 지구를 집어삼키고, 결국 화성 궤도까지 커진다. 이때 이 행성들은 태양이라는 적색거성 안으로 들어가 태양의 핵을 둘러싸고 회전한다. 이 행성은 태양 밖으로 떨어져 나가지 않을까? 그렇지 않다. 적색거성의 온도는 4,000K로 비교적 높지만 적색거성의 밀도는 매우 낮다. 따라서 지구는 적색거성 내부에서 계속해서 공전할 수 있다. 이때 지구상에는 살아 있는 생명체가 존재하지 않을 것이다.

아마 우리 인류도 멸망했을 것이다. 그렇다면 얼마나 긴 시간이 지나야 태양이 적색거성이 될까? 연구를 통해 태양의 주계열성 단계의 수명은 100억 년이며, 현재 50억 년이 지났다는 점이 밝혀졌다. 대략 50억 년 정도 수명이 남았으므로 안심하고 살아가도 된다.

하지만 어떤 사람은 50억 년 후에 우리 자손들은 어떻게 하냐고 말할지 모른다. 한번 생각해보자. 코페르니쿠스가 살던 때부터 오늘날까지 겨우 500여 년이라는 기간 사이에 인류는 달에 착륙하는 데 성공했다. 그렇다면 수십억 년이 지나 우리 후손은 분명 다른 천체로 이동할 수 있을 것이고, 심지어 지구를 같이 데려갈 수 있을지도 모른다. 어떤 공상과학물에서처럼 지구에 '노즐' 하나를 설치해서 '후'하고 숨을 불면 지구가 날아갈

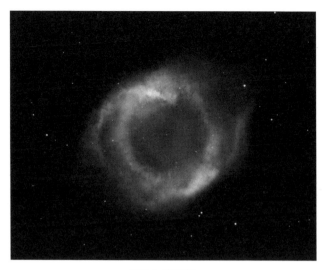

그림 9-5 행성상성운

것이다. 지구를 날려 보내기 전에 먼저 인류를 모두 냉동 보존시키고 공기도 지구 표면에 냉동시킨다. 그다음 지구와 함께 미리 선정해둔 나이가 젊은 항성으로 날아가 이 항성을 둘러싸고 공전하는 궤도에 진입한다. 그다음 냉동된 사람들을 소생시킨다. 이렇게 하면 인류가 계속 살아갈 수 있지 않을까? 물론 이런 이야기들은 모두 공상과학물 속의 이야기다.

이제 적색거성에 대해 다시 살펴보자. 적색거성 중심 부분에 대량의 탄소와 산소가 모인 다음, 적색거성은 계속 팽창한다. 외부에 있는 물질은 그에 따라 흩어져서 고리 모양의 구름인 행성상성운을 형성한다. 〈그림 9-5〉에 있는 천체가 행성상성운이다. 행성상성운 가운데에 있는 작은 하얀 점이 백색왜성이다. 이는 태양이 가장 마지막에 진화하는 단계다. 태양은 적색거성 단계를 거쳐 백색왜성이 되고, 백색왜성이 될 때 외부의 기체는 먼저 행성상성운을 형성한 다음 흩어져서 결국 백색왜성 하나만 남게 된다.

제 10 과

백색왜성과
중성자별 이야기

백색왜성에서 중력 붕괴가 다시 일어나지 않는 이유

백색왜성에 있는 물질은 일반적인 고체 행성의 물질과는 차이가 있다. 지구와 같은 천체는 만유인력이 여러 물질을 하나로 뭉쳐서 형성된 것이다. 그렇다면 행성은 왜 하나의 점으로 수축하지 않을까? 만유인력에 대응하는 전자기력이 있기 때문이다. 행성을 구성하는 고체 물질은 모두 각각 결정체이고 원자는 모두 결정격자의 노드에 있다. 만유인력으로 인해 원자는 서로 가까워지고, 원자가 서로 가까워질 때 원자의 전자구름 분포가 변한다. 전자구름 분포가 변하면 동일한 종류의 전하가 가까워지면서 정전 반발력이 생긴다. 정전 반발력은 만유인력에 반대로 작용하여 이 행성이 붕괴되지 않게 지탱하는 역할을 한다. 따라서 고체 행성은 정전 반발력과 만유인력의 평형으로 인해 안정된 상태가 된다.

기체 상태의 별인 항성이 태양과 같은 상태를 유지하면서 붕괴하지 않을 수 있는 이유는 무엇일까? 만유인력은 왜 이 항성을 계속 수축시킬 수 없을까? 그건 항성의 온도가 매우 높기 때문이다. 항성을 구성하는 기체는 열운동을 하고, 열운동으로 인해 생기는 반발 효과는 항성을 지탱하면서 만유인력에 대응한다.

백색왜성 단계에서는 일종의 고체 상태가 형성된다. 하지만 백색왜성이 질량이 지구에 비해 훨씬 크기 때문에 이 고체 상태는 지구의 고체 상태와는 차이가 있다. 백색왜성의 만유인력은 매우 커서 원자 사이의 정전 반발력은 만유인력을 이겨낼 수 없다. 만유인력에 의해 원자가 서로를 누르면서 원자 껍질이 붕괴되고, 결정격자 구조가 전자의 바다에서 떠다니는 상태가 된다. 또는 전자 무리가 결정격자 구조에서 운동을 하는데, 하나의 원자핵만 둘러싸고 회전하는 것이 아니라 단체로 운동을 하고 있다고 볼 수도 있다. 이 전자들은 서로 더 가까워지면서 정전 반발력과는 다른 또 다른 힘이 발생한다. 이를 파울리의 배타원리의 반발력이라고 한다.

파울리의 배타원리란 무엇일까? 볼프강 파울리가 당시에 이 원리를 제시한 건 원자 구조를 해석하기 위해서였다. 닐스 보어의 이론에 따르면 각 원소의 원자에는 하나의 원자핵이 있고, 원자핵 외부의 전자는 궤도에 따라 분포되어 있다. 보어의 모형에 따라 원자핵 외부에 한층 한층 원자 궤도가 있다면, 왜 전자들이 에너지가 가장 낮은 가장 안쪽 층의 궤도로 떨어지지 않고 각 층의 궤도에서 분포하는 걸까? 이 문제를 파울리는 한 가지 가설을 통해 해결한다.

파울리는 전자와 같은 입자의 경우, 각 상태에 전자가 하나만 존재하며 각 궤도에는 두 개의 전자 상태가 있다고 주장했다. 따라서 각 궤도에는 두 개의 전자만 배치될 수 있고 안쪽 궤도가 가득 채워진 다음 바깥쪽 궤도가 채워진다. 이렇게 하면 보어의 원자 껍질 모형, 스펙트럼선과 원소주기율에 대한 설명이 가능하다. 백색왜성의 경우 외층의 원자 껍질은 압력에 의해 파괴되고 전자는 매우 가까워져서 새로운 힘이 발생한다. 이것이 파울리가 말하는 배타원리의 반발력이다. 이 반발력은 정전 반발력보다 훨씬 커서 거대한 질량을 가진 고체 상태 별의 만유인력에 대응할 수 있으며, 별이 붕괴되지 않게 한다. 이런 전자 궤도 상태의 원자 구성은 새로운 고체 상태로 백색왜성 상태라고 부를 수 있다.

낙담한 세 젊은이

각 층의 전자 궤도에 두 개의 전자 상태가 있게 되는 이유는 무엇일까? 당시 미국의 젊은 물리학자 랠프 크로니히는 전자 스핀을 예측한 적이 있다. 이 두 개의 전자 상태는 전자의 스핀 상태로, 예를 들어 전자 하나가 왼쪽 스핀을 가지고 있으면 다른 하나는 오른쪽 스핀을 가진다. 그가 파울리에게 자신의 생각을 이야기하자 파울리는 훌륭한 생각이지만 현실은 그렇지 않다고 말했다. 이 미국 청년은 그 말을 듣고 실망한 나머지 이 문제를 더 이상 연구하지 않는다. 사실 파울리도 동일한 궤도에 있는 전자의 두 가지 상태가 스핀인지 생각해본 적이 있었지만, 자신의 견해를 스스로 부정했다. 그는 자전과 같은 고전 물리학상의 개념은 양자 이론에서 배제되어야 한다고 생각했다. 그는 먼저 자신의 견해를 포기하고 크로니히의 주장도 부정해서 전자의 스핀을 발견할 수 있는 좋은 기회를 놓치고 말았다.

한편 당시 네덜란드에서도 물리학자 파울 에렌페스트의 제자인 조지 울렌벡과 사무엘 구드스미트가 전자에 스핀이 존재한다고 추측한 적이 있었다. 그들은 크로니히와 파울리가 같은 생각을 했다는 사실을 전혀 알지 못했다. 그들이 스승 에렌페스트에게 이 추측을 제안하자, 에렌페스트는 이 아이디어가 훌륭하다고 생각해 영국의 〈네이처〉 잡지에 논문을 보내도록 제안한다. 그들이 논문을 보내고 나서 에렌페스트는 그들을 네덜란드에 있는 로렌츠에게 보내 논문에 대한 의견을 물어보게 한다. 그래서 그들은 로렌츠를 찾아가 그에게서 논문을 놔두고 2주 후에 다시 오라는 답변을 듣는다. 2주 후에 그들이 로렌츠에게 가자 로렌츠는 종이 한 묶음을 가지고 와서 이렇게 말했다. "내가 계산을 해 보니 자네들의 이 모형은 틀렸네. 만약 전자가 스핀이 있다면 전자 주변의 선속도는 빛의 속도를 넘게 되고 이는 상대성 원리에 위배되네!"

상대성 이론을 반대해왔던 로렌츠는 이번에는 상대성 이론을 받아들였고, 전자 스핀 모델이 상대성 이론에 위배된다고 생각했다. 큰 문제라고 생각한 울렌벡과 구드스미트는 돌아가 스승과 상의한 끝에 잡지사에 편지를 써서 원고를 되돌려 달라고 요청하기로 했다. 잡지사는 다음과 같은 회신을 보냈다. "죄송합니다, 여러분. 논문이 이미 인쇄되어 반환할 수가 없습니다. 다음부터는 관련된 모든 의문을 해소한 다음 논문을 보내주시기 바랍니다." 에렌페스트는 실망한 두 제자를 위로하면서 이렇게 말했다. "실수해도 괜찮네. 자네들은 아직 젊지 않은가. 나중에 자네들이 새로운 성과를 내면 이 실수는 여기서 끝날 걸세."

얼마 지나지 않아 두 제자는 보어를 만났다. 그들을 만나러 온 보어를 맞이하고자 에렌페스트가 동행했다. 에렌페스트와 보어가 앞서서 걷고 두 학생은 보어의 짐을 들고 뒤에서 따라가고 있었다. 보어가 에렌페스트에게 말했다. "저 둘 무슨 일이라도 있나? 우울해 보이는데." 에렌페스트는 보어에게 이번 논문과 관련된 일에 대해 이야기했다. 보어는 이야기를 듣고 나서 이렇게 말했다. "전자에 스핀이 있다니, 몹시 훌륭한 생각인걸. 상대성이론에 위배되는 문제는 일단 신경 쓰지 말고 나중에 다시 이야기해보세." 두 젊은이는 보어의 말을 듣고 크게 기뻐했다.

사실 당시에 그들은 전자의 크기를 너무 크게 추정했다. 전자가 그렇게 크지 않다면 주변의 선속도는 광속을 넘지 않을 것이다. 전자의 크기는 얼마나 될까? 현재까지 전자의 반지름을 측정해내지는 못했지만, 전자는 크기가 아주 작은 점입자 모델로 간주된다. 스핀(자전)이라는 개념은 우리가 거시적인 관점에서 생각하는 일반적인 천체의 자전과는 다르며, 오히려 파울리의 주장이 전자 스핀과 관련이 있다고 볼 수 있다.

한 인도 청년의 '터무니없는 이야기'

우리는 백색왜성이 대량으로 존재하며, 백색왜성의 마지막 단계는 흑색왜성으로 진화하는 것이고, 흑색왜성은 우주 공간에서 떠다니는 거대한 다이아몬드와 같다는 걸 살펴보았다.

여기서는 인도의 물리학자 수브라마니안 찬드라세카르가 백색왜성 연구 분야에서 세운 중요한 성과를 소개한다. 찬드라세카르는 수학과 물리학에 높은 식견을 갖춘 인물이었다. 그는 인도에서 대학을 졸업한 다음 천체물리학을 공부하기 위해 영국으로 떠났다. 그는 배를 타고 영국의 천체

물리학자 랄프 파울러를 찾아간다. 그는 영국으로 가는 배 위에서 백색왜성을 연구하다가 백색왜성에는 최대 질량이 있고, 이 최대 질량을 초과하는 백색왜성은 존재할 수 없다는 걸 발견했다. 그는 백색왜성의 질량이 클수록 백색왜성의 만유인력도 커진다고 생각했기 때문이다. 이렇게 되면 더 큰 파울리의 배타원리의 반발력이 만유인력과 대응되어야 하는데, 파울리의 반발력을 더 크게 할 수 있는 방법은 무엇일까? 전자가 더 가까워지는 수밖에 없다.

찬드라세카르가 영국에 도착해 파울러에게 자신의 연구와 결과에 대해 이야기하자, 파울러는 그의 견해가 일리가 있다고 생각해 그를 아서 스탠리 에딩턴에게 보낸다. 에딩턴은 당시 가장 유명한 천체물리학자 중 한 사람이었다. 당시에 에딩턴의 관측팀은 빛이 태양 부근을 지날 때 굴절된다는 일반 상대성 이론의 예측을 검증했다. 찬드라세카르는 에딩턴을 찾아가 자신의 연구 결과를 이야기했지만 에딩턴의 반대에 부딪혔고, 수차례 토론했음에도 그의 견해가 수용되지 못했다. 나중에 에딩턴은 찬드라세카르에게 런던에서 열리는 천체물리 토론회에서 그의 연구에 대해 이야기해 보라고 했다.

토론회 전날 밤에 찬드라세카르는 에딩턴과 함께 저녁 식사를 한다. 그가 에딩턴에게 물었다. "에딩턴 교수님, 내일도 발표가 있으신가요?" 에딩턴이 말했다. "있지." "어떤 주제인가요?" 그는 계속해서 질문했다. 에딩턴이 말했다. "자네와 같은 주제라네." 찬드라세카르는 에딩턴이 자신의 연구 성과를 빼앗으려 할까 봐 덜컥 겁이 났다. '내 연구와 내용이 같더라도 에딩턴이 발표한다면 분명 성과를 인정받겠지.' 찬드라세카르는 가슴이 두근

거렸지만 신사의 매너를 지키고자 입을 다물었다.

다음날이 되었다. 연단에 오른 찬드라세카르는 연구 결과를 발표하기 전 사람들에게 출판 전 논문, 즉 논문을 발표하기 전에 먼저 인쇄한 작은 팸플릿을 나눠주고는 강연을 시작했다.

찬드라세카르가 강연을 마친 다음, 에딩턴은 찬드라세카르가 나눠준 팸플릿을 들고 연단에 올라섰다. "방금 찬드라세카르는 백색왜성의 최대 질량에 대해 이야기했습니다. 저는 그가 말한 내용이 완전히 틀렸다고 생각합니다." 말을 마친 에딩턴은 팸플릿을 사정없이 찢어버렸다. 에딩턴은 백색왜성이 계속 붕괴한다면 모든 물질이 붕괴되어 밀도가 무한대인 하나의 점이 될 텐데, 이런 물리 상태가 존재하는 건 불가능하다고 여겼다. 그래서 에딩턴은 찬드라세카르의 연구 결과가 분명 틀렸다고 생각했다.

에딩턴의 높은 명성 때문에 회의에 참석한 사람들은 찬드라세카르가 터무니없는 이야기를 떠들었다고 생각했다. 회의가 끝난 다음 찬드라세카르의 친구는 그의 앞에 가서 이렇게 말했다. "찬드라세카르, 최악이야. 이번에는 정말로 최악이야."

에딩턴이 그처럼 자신만만했던 이유는 무엇일까? 에딩턴은 과거에 찬드라세카르의 견해를 아인슈타인에게 편지로 알린 적이 있었다. 이때 아인슈타인으로부터 자신의 견해가 옳고 찬드라세카르의 견해가 틀렸다는 피드백을 받게 된다. 이것이 에딩턴을 그토록 기세등등하게 한 이유였다.

20대에 백색왜성 최대 질량 개념을 제시한 찬드라세카르는 73세에야 이 발견에 대한 공로로 노벨 물리학상을 받았다. 하마터면 물리학상을 받지 못할 뻔했는데, 노벨상은 살아 있는 사람에게만 주기 때문이다.

저는 하느님이 왼손잡이일 거라고 믿지 않습니다

시간이 흘러 에딩턴은 찬드라세카르의 결론이 옳다는 걸 인정했다. 찬드라세카르 또한 자신을 지지해주는 사람들을 알게 되어 자신의 결론이 옳다는 걸 확인할 수 있었다. 한번은 파울리와 함께 회의하던 중 그가 파울리에게 뛰어와 이렇게 말한 적이 있다. "파울리 교수님, 이 논문 한 번 봐 주세요." 파울리가 말했다. "본 적이 있습니다." 그가 물었다. "어떠셨나요?" 파울리가 말했다. "매우 훌륭합니다." 찬드라세카르가 말했다. "에딩턴 교수님은 제 결론이 교수님의 배타원리에 위배된다고 말씀하셨습니다." 파울리가 말했다. "그렇지 않습니다. 당신은 파울리의 배타원리를 위반하지 않았습니다. 당신은 아마 에딩턴의 배타원리를 위반했을 겁니다." 이렇게 파울리는 에딩턴을 비꼬았다.

파울리는 말을 신랄하게 하는 편이었고 늘 다른 사람의 결점을 들추어 냈다. 물리학자 양전닝도 그에게 비판을 받은 적이 있는데, 그는 리정다오와 양전닝 두 사람이 제시한 패리티 비보존 이론(약한 상호 작용에서 공간 좌표를 반전시키는 연산을 하면 대칭성이 깨질 수 있다는 이론이며, 약한 상호 작용에서 왼쪽과 오른쪽에는 차이가 있다-옮긴이)을 반대했다. 리정다오, 양전닝, 두 사람이 패리티 비보존 이론을 제시했을 때 파울리는 독일에 머물며 이렇게 말했다. "저는 왼쪽과 오른쪽이 비대칭이 될 수 있다는 걸 믿지 않고, 하느님이 왼손잡이일 거라고 생각하지 않습니다." 그는 또 그의 동료들에게 이렇게 말했다. "여러분 중에 그들의 이론이 옳다고 생각하는 사람이 있다면, 저는 그들의 이론이 틀렸다는 데 제 전 재산을 걸고 여러분과 내기할 수 있습니다."

나중에 우젠슝이 리정다오, 양전닝 두 사람의 이론을 실험하려고 한다는 말을 듣고 파울리는 말했다. "우젠슝의 실험은 분명 리정다오, 양전닝의 견해를 무너뜨릴 겁니다." 나중에 파울리는 일기에 이렇게 썼다. "그날 오후에 나는 우젠슝의 실험이 리정다오, 양전닝의 패리티 비보존 이론을 지지한다는 세 통의 편지를 연달아 받았다. 나는 충격을 받아 거의 기절할 뻔했다." 또 그는 이렇게 썼다. "이제 리정다오, 양전닝은 매우 기뻐하고 있고 나도 매우 기쁘다. 나와 내기를 한 사람이 없기 때문이다. 나와 내기를 한 사람이 있었다면 파산했을 것이다."

그는 또 양전닝의 양-밀스의 장 이론을 반대한 적이 있다. 양전닝은 당시에 오펜하이머가 원장으로 근무하는 프린스턴 고등 연구소에서 일하고 있었다. 오펜하이머도 다른 사람의 결점을 지적하기를 좋아하는 사람이었지만, 양전닝의 이론은 훌륭하다고 인정했다.

어느 날 파울리가 연구소를 방문했을 때 양전닝은 회의에서 양-밀스 장 이론을 설명하고 있었다. 양전닝이 막 말을 마치고 몸을 돌려서 칠판에 뭔가를 쓰고 있을 때 파울리가 질문했다. "이 장의 질량은 얼마입니까?" 양전닝이 고개를 돌려 대답했다. "질량은 아직 확실하지 않습니다." 양전닝은 다시 칠판에 쓰기 시작했다. 파울리가 말했다. "질량이 도대체 얼마입니까?" 양전닝은 다시 고개를 돌려 대답할 수밖에 없었다. "현재로서는 명확한 결론이 나지 않았습니다." 파울리가 말했다. "질량이 확실하지 않은데 당신의 장 이론이 무슨 소용이 있습니까?" 양전닝은 강연을 중단할 수밖에 없었고 현장 분위기는 매우 어색해졌다. 이때 오펜하이머가 파울리를 쿡 찌르며 말했다. "강연 좀 하게 놔두세요." 결국 양전닝은 간신히 강연을 마칠 수 있었다.

다음 날 잠에서 깬 양전닝은 자신이 묵는 여관 입구의 우편함에서 편지 한 통을 발견했다. 파울리가 보낸 것이었다. 편지에는 이런 내용이 담겨 있었다. "자네의 이런 학구적 태도로는 나와 절대 토론할 수 없네."

가장 재미있는 사건은 반양성자를 발견한 에밀리오 지노 세그레에게서 일어났다. 당시 몹시 젊었던 세그레는 회의에서 보고를 하게 되었다. 회의가 끝난 후 사람들이 함께 회의장을 떠나자 세그레는 파울리와 함께 움직였는데, 이때 파울리가 세그레에게 말했다. "자네가 오늘 한 보고는 내가 최근 몇 년 동안 들은 것 중에 가장 형편없는 것이네." 이때 뒤편에서 어떤 사람이 깔깔대고 웃기 시작했는데, 파울리가 고개를 돌려 보니 한 젊은이가 있었다. 이 젊은이는 세그레보다 먼저 회의에서 보고한 적이 있었는데, 파울리는 그에게 이렇게 말했다. "자네가 앞 번에 한 그 보고를 제외하고 말일세." 이렇게 다른 사람을 비평하기를 좋아하는 사람이 찬드라세카르의 이론을 지지했다니 아이러니하다.

여러분은 은하계에는 약 2,000억개의 항성이 있고, 그중 1/10은 백색왜성이라는 걸 알 것이다. 따라서 백색왜성은 대량으로 존재하고 찬드라세카르의 업적은 중요한 의미가 있다.

졸리오퀴리 부인의 유감

이제 중성자별과 펄사에 대해 알아보자. 중성자별의 예측에 대해 이야기하려면, 먼저 중성자의 발견에 대해 언급해야 한다. 1930년에 독일 물리학자 발터 보테는 투과력이 매우 강한 보이지 않는 광선을 발견했다. 전하를 띠지 않은 이런 광선을 보테는 감마(γ)선이라고 생각했다. 퀴리 부인의 맏딸인 졸리오퀴리 부인이 출판된 보테의 논문을 보았다. 졸리오는 퀴리 부인의 맏사위로 자신의 성 '졸리오'에 '퀴리'라는 성을 이어 붙였다. 늙은 퀴리 부인에게는 딸만 있고 아들이 없었으며 프랑스 사람의 자녀는 모두 아버지의 성을 따랐다. 만약 졸리오가 퀴리라는 이 위대한 성을 붙이지 않았다면 퀴리라는 성은 없어졌을 것이다. 졸리오퀴리 부부는 보테의 이 광선으로 파라핀을 쬐었고, 파라핀에서 양성자가 튀어나왔다. 하지만 그들의 머릿속에는 양성자라는 개념이 없었기에 그들은 이 광선을 감마선이라고 생각했다. 졸리오는 화학을 전공했기에 화학 분야는 잘 알고 있었지만, 물리 분야에서는 특별히 뛰어나지 않았다. 그리고 그의 부인인 이렌 퀴리도 주로 방사 화학을 배웠고 대학교에 간 적도 없었다. 당시 프랑스의 과학자들은 일반적인 학교 교육에 만족하지 못했기에 자신의 자녀들을 옆에 두고 같이 실험을 했다. 이런 과학자들은 자기들끼리 분담해서 자녀를 교육하면서 자녀들을 대학에 보내지 않았다. 이렌은 바로 이런 환경에서 공부하면서 주로 방사 화학을 배웠고 물리학은 많이 배우지 못했다. 물리학을 많이 배웠다면 그들은 이 광선이 감마선이 아니라는 걸 분명 알았을 것이다.

졸리오퀴리 부부의 실험 결과가 발표된 다음 영국 물리학자 어니스트 러더퍼드의 제자인 제임스 채드윅이 중성자를 관찰한다. 채드윅은 원자핵 안에는 양자 외에도 질량이 양자와 비슷하지만 전하를 띠지 않는 입자, 즉 우리가 오늘날 알고 있는 중성자가 존재할 수 있다고 생각했다. 그가 이런 추측을 한 이유는 무엇일까? 많은 원소의 원자량과 원자 번호는 모두 정수라는 걸 발견했기 때문이다. 예를 들어 헬륨의 경우 원자 번호는 2이지만 원자량은 4인데, 이 안에는 분명 두 개의 양자가 있다. 그는 질량이 양자와 비슷하지만 전하를 띠지 않는 두 개의 입자, 즉 중성자의 존재를 예측했지만 중성자를 발견할 수 없었다. 채드윅도 중성자의 존재를 찾고 있던 중에 줄리오퀴리 부부의 논문을 보았다. 채드윅은 논문을 보고 매우 기뻐했다. 또 아이러니한 상황이라고 생각하면서 그들이 중성자를 발견했지만 그 사실을 알아차리지 못했다고 말했다. 그래서 채드윅은 새로운 실험을 설계하는데, 이 실험은 졸리오퀴리 부부의 실험과 다소 비슷했지만 완전히 똑같지는 않았다. 실험을 한 다음 그는 논문 한 편을 발표했는데, 「중성자의 존재 가능성」이라는 이름으로 〈네이처〉에 발표되었다. 그다음에 또 「중성자의 존재」라는 장문의 논문을 〈왕립학회지〉에 발표하면서 중성자가 발견되었다. 줄리오퀴리 부부는 이 발견을 놓치고 나서 매우 낙담했다. 이는 프랑스의 미생물학자, 광견병 백신의 발명자인 파스퇴르가 한 말에 딱 들어맞는다. "기회는 마음이 준비된 자에게만 찾아온다." 분명 줄리오퀴리 부부의 마음은 중성자를 발견할 준비가 되어 있지 않았다.

1935년에 스위스 왕립과학원 노벨 물리학상 위원회는 중성자를 발견한 업적이 물리학상을 받아야 한다고 생각했다! 많은 이들은 채드윅과 줄리오퀴리 부부가 공동 수상해야 한다고 여겼다. 하지만 위원회의 조장인 러더퍼드가 채드윅의 스승이었기에 그는 이렇게 말했다. "줄리오퀴리 부부는 똑똑하기 때문에 그들은 나중에 또 다른 기회가 있을 겁니다. 이번에는 채드윅 한 사람에게 상을 수여하겠습니다." 결국 노벨상은 채드윅에게만 수여되었다. 같은 해 하반기에 위원회는 화학상(물리학상과 화학상은 동일한 하나의 위원회에서 평가한다) 수상자를 선정했고, 이번에 사람들은 만장일치로 노벨 화학상을 줄리오퀴리 부부에게 수여하기로 했다. 그들이 인공 방사능을 발견했기 때문이다. 원래 우리가 얻은 방사성 원소는 모두 자연에서 얻은 것이지만 그들은 인공적으로 만든 방사성 원소를 발견했다. 위원회는 분명 그들의 중성자의 발견에 대한 업적도 고려했을 것이다. 나중에 보테도 우주선(宇宙線)의 연구 분야에 대한 업적으로 인해 노벨 물리학상을 수상한다. 위원회는 아마 보테가 중성자 발견에 한 기여도 고려했을 것이다. 따라서 중성자의 발견으로 수여된 노벨상은 그래도 공평하게 주어졌다고 할 수 있다.

신비한 '외계인'

중성자별은 먼저 예측이 이루어지고 난 다음 발견되었다는 점에서 백색왜성과 차이가 있다. 중성자가 발견된 날, 소련의 물리학자 레프 란다우는 중성자별의 존재를 예측한다. 란다우는 당시에 마침 보어의 이론물리학 연구소에서 연수를 하고 있었다. 중성자가 발견되었다는 소식이 코펜하겐에 전해진 날, 보어는 20여 명의 사람을 모아 서로 의견을 나누는 자리를 마련했다. 당시 란다우는 즉흥적인 발언을 했는데, 그는 우주에는 주로 중성자로 구성된 별, 즉 중성자별이 존재할 가능성이 있다고 말했다. 그는 처음으로 이 내용을 언급했고 같은 해에 논문 한 편을 발표한다. 란다우는 총 10권에 달하는 『이론물리학 강좌』를 저술한 대단한 인물이었다. 이 책은 사람들에게 큰 영향을 끼쳤고 수많은 우수한 물리학자들이 그의 이 책을 공부했다. 과학 연구 논문에서는 일반적으로 대학 교재를 인용하지 않지만, 란다우의 이 『이론물리학 강좌』는 예외적으로 사람들이 모두 인용하고 있다.

앞서 언급한 오펜하이머를 포함해 후에 많은 이들이 중성자별을 연구했다. 백색왜성의 질량이 찬드라세카르 한계를 초과한 다음 중력 붕괴가 일어난다. 중력 붕괴가 일어나면 전자는 원자핵 안으로 밀려들어가 양자와 합쳐서 중성자가 된다. 이렇게 해서 주로 중성자로 구성된 별이 형성되는 것이다. 중성자는 불안정해서 단독으로 존재하는 경우 양자, 전자, 중성미자 등으로 변한다. 그리고 원자핵 안의 중성자가 안정된 상태로 존재할 수 있는 건, 원자핵 안에 양자가 있기 때문이다. 중성자가 양자로 변하는 건 높은 에너지 준위에서 낮은 에너지 준위로 이동하는 것과 같은데, 양자의 존재는 낮은 에너지 준위를 채우는 것과 같다. 파울리의 배타원리에 따르면 각 상태에는 하나의 양자만이 존재할 수 있다. 따라서 높은 에너지 준위에 있는 중성자는 낮은 에너지 준위로 이동할 수 없고 원자핵은 안정된 상태가 된다. 그렇기 때문에 중성자별에는 소량의 양자가 포함되어 있고 중성자와 양자 수의 비율은 대략 100:1이다.

중성자별은 1932년에 예측되었지만 실제 관측된 건 1967년이 되어서였다. 당시 영국의 천체물리학자 앤서니 휴이시는 케임브리지대학교 케번디시 연구실에서 전파천문학을 연구하고 있었다. 그는 우주 공간에서 온 전파 신호를 연구하기 위해 안테나 배열을 설계해서 전파 신호를 수신하려고 했다. 그는 자신의 대학원생인 조슬린 벨 버넬에게 신호 수신 연구를 진행하게 한다. 〈그림 10-1〉이 그 안테나 배열이고, 백발의 노인이 휴이시, 오른쪽에 있는 사람이 벨이다. 어느 주말에 휴이시가 집으로 돌아간 가운데 연구실에서 계속 연구하던 벨은 잡음의 배경에서 미약한 신호 같은 것

그림 10-1 벨, 휴이시, 그리고 펄사를 발견한 안테나 배열

을 발견했다. 하지만 신호가 명확하지 않았기에 그녀는 이 신호를 가공 처리했고, 결국 규칙적인 신호를 얻었다. 그래서 그녀는 휴이시에게 전화를 걸어 연구실로 오도록 요청했다.

　결과를 본 휴이시는 중대한 발견이 될 가능성이 있다고 생각했고 외계인이 인류에게 연락을 한 건 아닐까 하고 생각했다. 그래서 그는 이 발견에 'Little green man(외계인)'이라는 별칭을 붙인다. 나중에 그는 이 신호의 주파수와 진폭에는 모두 변화가 없다는 걸 발견했다. 이 신호에는 어떤 인공적으로 만들어진 신호가 실려 있지 않았고 분명 일종의 자연 현상이었다. 그는 벨에게 다른 사람에게 이 얘기를 발설하지 말라고 당부한 뒤, 우주 공간에서 온 신호를 수신했다는 내용의 논문 한 편을 작성해 발표한다. 다른 천체물리학자들이 그에게 전화를 걸어 신호가 어느 방향에서 왔는지 물어댔지만, 그는 대답하지 않았다. 벨은 계속해서 몇 개의 비슷한 신호를 발견했고, 휴이시는 계속해서 논문을 발표해서 새로운 발견에 대해 보고했다. 하지만 그는 이 신호의 방향에 대해서는 절대 말하지 않았다. 다른 사람들이 날마다 그에게 전화를 걸었고, 그가 신호의 방향을 공개해서 함께 연구할 수 있기를 바랐다. 하지만 그가 계속 입을 다무는 탓에 많은 천체물리학자의 분노를 사게 된다.

휴이시는 어쩔 수 없이 고정된 펄스 신호를 보내는 네 개 별의 방위를 공개한다. 이 별은 펄사라고 불리는데, 펄사는 빠른 속도로 자전하는 중성자별이라는 게 나중에 검증되었다. 이 별은 일종의 특별한 항성으로 매우 강한 자기장을 갖고 있다. 질량이 큰 항성 하나가 붕괴해서 중성자별이 되는 경우, 예를 들어 태양과 같이 반지름이 대략 70만 킬로미터인 항성이라면, 반지름이 10킬로미터로 줄어들고 모든 물질이 한데 모이게 된다. 이 항성의 부피가 크게 줄어들기 때문에 관성모멘트에는 큰 변화가 생기고, 각운동량 보존 법칙의 관점에서 보면 이 행성의 부피가 줄어든 다음 자전 각속도는 매우 크게 증가한다.

그리고 중성자별 표면의 자기장은 매우 강해서 많은 전자는 중성자별의 자기력선 주변을 회전한다. 이때 중성자별이 발생시키는 전파 신호는 빛줄기처럼 우주 공간에 발사된다. 하지만 일반적인 항성의 자전축과 자기축은 일치하지 않고 자기축은 자전축을 둘러싸고 회전한다. 하지만 중성자별의 빛줄기는 자기축 방향을 따라가는데, 이 빛줄기는 탐조등처럼 우주 공간에 비쳐진다. 이 빛줄기는 〈그림 10-2〉처럼 지구를 비출 때마다 펄스 신호를 수신한다.

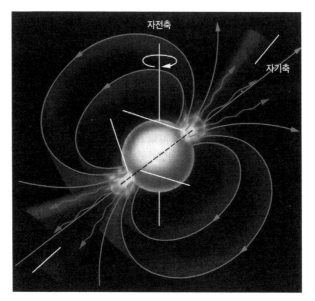

자전축

자기축

그림 10-2 펄사

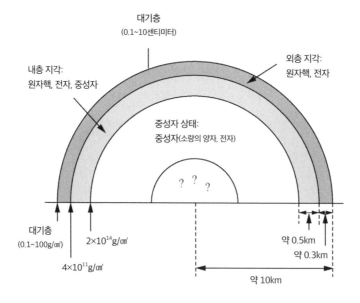

대기층
(0.1~10센티미터)

내층 지각:
원자핵, 전자, 중성자

외층 지각:
원자핵, 전자

중성자 상태:
중성자(소량의 양자, 전자)

? ? ?

대기층
(0.1~100g/㎤)

2×10^{14}g/㎤

4×10^{11}g/㎤

약 0.5km

약 0.3km

약 10km

그림 10-3 중성자별의 구조

중상자별의 구조가 〈그림 10-3〉에 나타나 있다. 중성자별의 내부는 주로 중성자 상태 물질로 구성되어 있다. 어떤 사람들은 중심부에는 완전히 쿼크로만 구성된 쿼크 스프가 있을 가능성이 있고, 가장 바깥층에는 백색왜성 상태의 철 덩어리가 있다고 말하기도 한다. 중성자별의 밀도는 1억 톤/cm^3에서 10억 톤/cm^3이다. 중심 부분 밀도는 대략 10억 톤/cm^3이며, 중간의 밀도는 조금 작고, 외부의 밀도는 더 작을 것이다. 중성자별의 중력은 매우 강해서 표면이 매우 평평하고 매끄러우며, 대기층의 두께도 몇 센티미터에 불과하다. 중성자별의 가장 높은 봉우리도 높이가 10센티미터가 되지 않을 것이다. 물론 사람이 거기에 서 있을 수는 없는데, 그곳의 온도는 대략 1,000만 K이고 중력이 너무 강해서 사람은 전혀 견뎌낼 수 없다. 1967년부터 지금까지 50여 년 동안 수많은 중성자별이 발견되었다.

중국 고대인이 기록한 초신성 폭발

이제 중성자별의 형성에 대해 살펴보자. 중성자별이 형성될 때는 한차례의 항성 폭발 과정을 거치는데, 이를 초신성 폭발이라고 한다.

중국에서 초신성에 관한 연구가 이뤄졌는데 예를 들면 북송 지화 원년인 1054년에 사람들은 한 차례의 초신성 폭발을 관측했다. 23일 동안은 낮에도 관찰할 수 있었고, 밤에 볼 수 있는 시간은 1년 넘게 지속되었다. 이 초신성에 대해서는 중국, 일본, 베트남의 문헌에 모두 언급되어 있다. 하지만 중국 기록에만 이 별의 위치가 기록되어 있는데, 서양 천문계에서 말하는 황소자리가 있는 그 위치다.

그림 10-4는 『송사』의 초신성 폭발에 대한 기록이다. 중간 부분에 "至

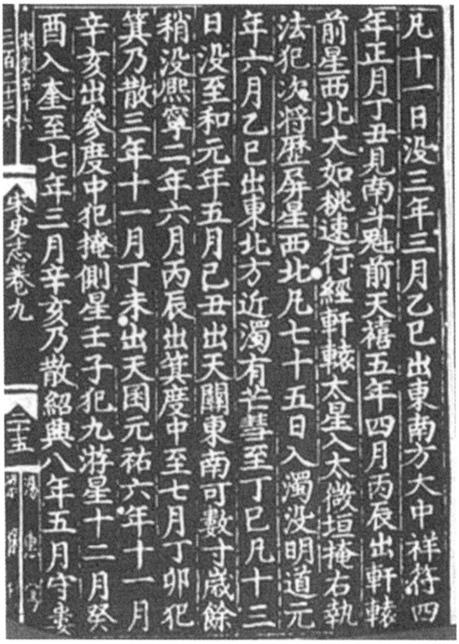
凡十一日沒三年三月乙巳出東南方大中祥符四
年正月丁丑見南斗魁前天禧五年四月丙辰出軒轅
前星西北大如桃速行經軒轅大星入太微垣掩右執
法犯次將歷屏星西北凡七十五日入濁沒明道元
年六月乙巳出東北方近濁有芒彗至丁巳凡十三
日沒至和元年五月己丑出天關東南可數寸歲餘
稍沒熙寧二年六月丙辰出箕度中至七月丁卯犯
箕乃散三年十一月丁未出天囷元祐六年十一月
辛亥出參度中犯掩側星壬子犯九游星十二月癸
酉入奎至七年三月辛亥乃散紹興八年五月守婁
宋史志卷九
二十五

그림 10-4 『송사』의 초신성 폭발 기록

和元年五月己丑(지화원년오월기축, 지화 원년 5월 기축일에), 出天関東南可数寸(출천관동남가수촌, 천관 동남쪽에서 객성이 나왔으며), 歲余稍没(세여초몰, 1년 넘게 사라지지 않았다)"는 내용을 볼 수 있다. "세여초몰(岁余稍没)"이란 1년 여 후에 사라졌다는 것이다. 지하 원년(1054년)은 송나라 인종 시대로, 송나라 인종은 민간 설화 『이묘환태자(狸猫換太子)』의 그 태자다.

『이묘환태자』의 이야기는 역사적 사실과는 비교적 큰 차이가 있다. 당시 송나라의 진종의 황후는 류아였다. 류아는 평민 출신으로 원래 은세공업자의 아내였다. 『송사』에 따르면 은세공업자의 여동생이 난처해하면서 류아가 이미 결혼했다고 말했다고 한다. 하지만 그녀는 이미 당시에 황태자 진종의 눈에 들었기에 진종은 그녀를 데리고 집으로 돌아온다. 류아는 나중에 황후가 되었지만 아들을 낳지 못했고, 이씨 성을 가진 궁녀의 자녀를 강제로 양자로 삼는다. 하지만 류아는 이 궁녀를 박해하지 않았다. 단지 황궁 내에서 아무도 감히 이 일을 세자 본인에게 말하지 못했을 뿐이다.

송나라 인종은 20세가 넘을 때까지 그의 친모가 이씨 성을 가진 궁녀라는 걸 알지 못했고, 어머니가 유 황후라고 생각했다. 송나라 진종이 죽은 다음 유 황후는 수렴청정을 했다. 소문에 따르면 그녀가 송나라 인종의 친모를 괴롭혔고 포청천이 이 사건을 해결했다는 말 등이 있다. 사실 이 사건은 포청천과는 아무런 관계가 없고 유 황후도 이 궁녀를 딱히 박해하지는 않았다. 다만 그녀가 받아야 할 어머니의 자리를 뺏은 것뿐이다. 유 황후는 일을 극단적으로 처리하지는 않았다. 이 씨 성을 가진 궁녀, 즉 송나라 인종의 친모는 집안이 가난한 편이었다. 유 황후는 이 궁녀가 오랫동안 헤어진 남동생을 찾게 도움을 주고 그에게 적당한 직위를 주었다. 유 황후는 그렇게 나쁜 사람이 아니었기에 이 사건은 평화롭게 해결된다. 그는 평민 출신이었기 때문에 백성들의 사정을 잘 알고 있었다. 그래서 그녀가 집권할 때 세운 수많은 정책과 그녀가 내린 칙령은, 그의 남편 송나라 진종과 아들 송나라 인종보다 더 훌륭한 면이 있다.

이때 초신성 폭발이 매우 격렬했기 때문에 그 빛이 저녁에 사람의 그림자를 비출 수 있었다. 이를 볼 때 이 별의 매우 밝았다는 걸 알 수 있다.

〈그림 10-5〉에는 하늘의 별이 표시되어 있는데 긴 '띠'가 바로 은하다. 은하 옆의 황소자리가 있는 위치에는 게 모양으로 형성된 성운이 있는데, 〈그림 10-6〉이 그 그림이다. 이 성운은 1,100km/초의 속도로 확산되고 있으며, 중심에는 작은 암흑성이 하나 있다. 역으로 추산해보면, 이 게 성운

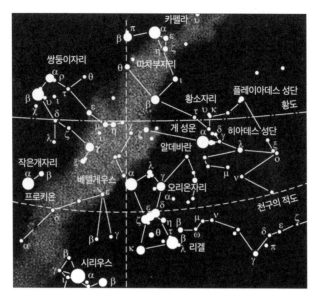

그림 10-5 게 성운의 위치

그림 10-6 게 성운

은 대략 기원 1054년 전후로 작은 별이 거기서 폭발해 만들어진 것이다. 따라서 게 성운은 초신성 폭발의 흔적이다. 더 중요한 건 나중에 사람들이 발견한 가운데 있는 작은 별인 펄사인데, 이 별이 바로 중성자별이다. 따라서 천문학자들은 중성자별은 초신성 폭발을 통해 형성되었다는 걸 알게 되었다. 중국 사람들의 기록이 없었다면, 이 이론은 확정되지 못하고 가정으로만 남았을 것이다. 현재 이 기록은 매우 중요한 증거다.

공룡 멸종에 관한 또 다른 추측

일반적으로 은하계에서는 대략 100년마다 4개의 초신성이 폭발한다. 초신성이 1초에 방출하는 빛은 태양이 1억 년 동안 방출하는 빛과 맞먹는다. 따라서 태양이 초신성 폭발을 겪게 되면 우리는 분명 죽고 말 것이다. 태양은 말할 것도 없이 천랑성이 초신성 폭발을 겪는다고 해도 우리는 견딜 수 없을 것이다. 공룡이 멸종한 것과 관련해 현재 비교적 인기 있는 한 가지 설은 다음과 같다. 소행성 또는 혜성의 머리 부분이 지구에 충돌하여 화산 폭발을 일으켰고, 대량의 먼지와 수증기가 하늘로 날아올라 태양의 빛을 차단시켜 긴 기간 동안 겨울이 되어 대량의 생물이 멸종되었다. 그중에서 커다란 공룡 같은 종류의 생물은 다른 생물이 멸절되었기 때문에 충분한 음식이 없어서 굶어 죽고 말았다.

다른 설도 있다. 당시에 초신성 폭발이 일어나서 파충류와 같은 동물들이 견디지 못하고 죽어버렸다는 것이다. 포유류 동물은 당시에 파충류 동물 공룡의 적수가 되지 못했다. 이 포유류 동물들은 안타깝게도 낮에는 밖에 나오지 못하고 동굴에 숨어 있다가, 저녁에 공룡들이 잠이 들면 그제야 밖에 나올 수 있었다. 그들이 동굴에 숨어 있었기에 오히려 방사선의 영향을 받지 않아서 살아남을 수 있었다는 것이다.

관측된 여러 자료에 따르면 초신성 폭발은 매우 격렬하게 일어난다는 걸 알 수 있다. 초신성 폭발은 우리와 밀접한 관련이 있다. 만약 초신성 폭발이 없었다면 우리 인류도 없었을 거라고 말할 수 있다. 우리 발 밑의 지구는 초신성 폭발의 잔해가 쌓인 것이기 때문이다. 빠르게 진화하는 항성에서 초신성 폭발이 발생하면, 나이가 젊은 항성은 분출된 잔해를 끌어당기고, 이 잔해는 항성을 둘러싸고 회전한다. 태양은 당시에 많은 물질을 끌어당겨서 폭발된 잔해들이 태양을 둘러싸고 회전했고, 결국 이 고체 잔해들이 각각의 고체 상태의 행성을 형성했다.

일반적인 열핵 반응의 관점에서 항성의 진화를 생각해보자. 예를 들어 수소가 합쳐져 헬륨이 되고, 헬륨이 연소되어 탄소와 산소를 만들고, 탄소와 산소가 다시 더 무거운 원소를 만들어내면, 최종 원소는 보통 철이 된다. 철보다 더 무거운 원소는 형성되지 않을 것이다. 하지만 우리 지구에 있는 물질에는 철을 제외하고도 다른 더 무거운 원소들이 포함되어 있다. 그리고 항성 내부의 원소가 조금씩 철로 변한다면 시간이 매우 오래 걸릴 것이다. 우주의 수명이라는 관점에서 보면 이렇게 만들어진 철은 많지 않다. 대량의 철과 더 무거운 원소는 어디서 생긴 걸까? 현재로서는 초신성 폭발 때 형성된 것으로 추정하고 있다.

사실 초신성 폭발이 발생하는 항성은 모두 질량이 태양 질량의 8배 이상이며 대개 태양 질량의 수십 배다. 이 항성들은 먼저 적색 초거성을 형성하고, 적색 초거성을 구성하는 대량의 탄소와 산소가 가운데로 모여 백색왜성 상태의 철핵을 형성하며, 중심부 온도는 대략 30억 K가 된다. 철핵은 계속해서 쌓이면서 커지고 중력도 더 커진다. 이때 백색왜성 상태는 전자 사이의 척력을 이겨내지 못하고 중심부가 한순간에 붕괴되며 온도는 50억 K까지 상승한다. 중심부가 붕괴될 때 외층의 철껍질은 처음에는 붕괴되지 않다가 중심부가 모두 붕괴된 다음 갑자기 내려앉는다. 이 철껍질은 중성자로 구성된 핵 부분과 충돌한 다음 폭발하여 다시 튕겨 나가는데, 이것이 초신성 폭발이다. 폭발의 마지막 단계는 중성자별 또는 블랙홀을 형성하거나 완전히 날아가는 것이다.

제11과

블랙홀을 향해 날아간 우주선은 결국 어디로 갔을까

원자폭탄의 아버지가 의심을 받다

이제 블랙홀의 형성에 관해 살펴보자. 오펜하이머는 태양 질량의 0.75배가 넘는 항성이 중력 붕괴를 일으킬 때, 이 항성은 중성자별 단계에 오랫동안 머무를 수 없고 계속 중력 붕괴를 일으켜 블랙홀이 되리라고 예측했다. 하지만 오펜하이머는 이 예측을 한 다음 원자폭탄 연구에 착수한다. 제2차 세계대전이 종료되자 그는 원자폭탄 시험장을 떠난다. 그는 우울한 마음에 블랙홀에 관한 연구를 다시 하지는 않았다. 그가 우울했던 이유는 무엇일까? 원자폭탄의 기밀이 누출되면서 미국연방수사국(FBI)이 오펜하이머가 소련 사람들에게 정보를 넘긴 건 아닌지 의심했기 때문이다.

원자폭탄을 제조하기 시작할 때 이 업무를 맡은 그로브스 장군은 루스벨트 대통령의 임명을 받아 핵무기의 연구제작을 전담했다. 당시에 그는 총설계 책임을 맡을 사람을 찾던 중 오펜하이머가 적임자라고 생각했다. 하지만 당시에 연방수사국은 오펜하이머가 부적합하다고 생각했다. 그들은 오펜하이머가 미국 공산당에 호감을 갖고 있다고 생각해서 그에게 일을 맡기면 안 된다고 생각했다.

하지만 그로브스는 다른 적합한 사람을 찾지 못했고, 연방수사국 사람에게 오펜하이머의 인사 기록 자료를 보여달라고 요청하면서 자신이 직접 책임을 지겠다고 말했다. 그로브스는 자료를 검토하고 나서 별다른 문제가 없다고 생각했고, 계속해서 오펜하이머에게 총설계 책임을 맡긴다. 제2차 세계대전 말기에 미국은 히로시마와 나가사키에 원자폭탄을 투하했고, 일본의 빠른 항복을 받아낸다. 오펜하이머는 원자폭탄의 아버지라 불리며 큰 유명세를 타게 된다.

1년여가 지나서, 미국은 원자폭탄 기밀이 세상에 누출되었다는 걸 알게 된다. 연방수사국 사람은 말했다. "이것 보세요. 우리가 일찍이 오펜하이머는 문제가 있다고 말했잖아요. 분명 그가 기밀을 노출한 겁니다." 그래서 오펜하이머를 소환해서 심문했다. 오펜하이머는 한번도 조사를 받아본 적이 없는 사람처럼 질문을 받을 때마다 몹시 혼란스러워했다. 그는 자신도 스스로에게 문제가 있는지 없는지 잘 모르겠다고, 심지어 자신도 스스로를 못 믿겠다고 이야기했다. 이런 상황에서 연방수사국은 오펜하이머에 대해 더욱 의심을 품었고, 오펜하이머의 동료들과 조수들에게 오펜하이머에게서 이상한 점을 느낀 적이 없는지 질문했다.

연방수사국은 오펜하이머에게 이상한 점을 느낀 적이 없다고 말한 사람들에게는 관심이 없었다. 그들은 누군가가 나서서 오펜하이머에 문제가 있다고 말하기를 바랐고, 오펜하이머에게 문제가 있는 건 아닌지 의심하는 사람이라도 상관없었다. 그래서 이리저리 질문하다가 수소폭탄을 만든 사람에게 질문했는데, 이 사람은 오펜하이머에게 문제가 있는 건 아닌지 의심하고 있었다. 그는 에드워드 텔러로 나중에 양전닝의 박사과정 지도교수가 된다.

텔러는 과학을 연구할 때 아이디어가 넘쳐나는 사람이었다. 양전닝이 말하기를, 그는 하루에 열 가지 아이디어를 떠올리면 그중 아홉 개 반은 틀리고 나머지 반이 맞았는데, 맞힌 그 부분이 전체 연구에 도움을 주었다고 했다. 텔러는 처음에 오펜하이머 아래 있는 한 개의 팀에서 연구했는데, 이 팀의 팀장은 나중에 오펜하이머에게 이렇게 말한다. "빨리 이 사람을 팀에서 내보내세요. 당최 일을 할 수가 없습니다. 그는 시간이 날 때마다 아이디어를 냅니다. 어제 우리는 의견을 통일했고, 일을 할 준비를 했는데, 그는 또 그렇게 하면 안 된다고 말합니다. 빨리 이 사람을 내보내세요. 그렇지 않으면 우리는 정말 일을 할 수가 없습니다."

결국 오펜하이머는 텔러를 찾아와 지금 중요한 업무가 하나 있는데, 혼자서 일할 수 있는 유능한 사람이 필요하며 그가 이 업무에 적합할 거 같다고 말했다. 이 업무는 바로 수소 폭탄을 연구하는 것이었다. 텔러는 처음에는 아마 사람들이 그가 성가시게 구는 걸 싫어해서 그런 줄 몰랐을 것이고, 업무를 맡겠다고 했다. 나중에 그는 사람들이 그가 팀에서 자꾸 문제를 일으킨다고 생각해 수소폭탄을 연구하도록 그를 내보내 버렸다는 소식을 듣고는 몹시 불쾌해했다.

제2차 세계대전이 막 끝나갈 무렵, 원자폭탄이 만들어졌다. 하지만 이

때 오펜하이머는 전쟁이 막바지에 이르렀다는 생각에 일본에 원자폭탄을 투하하는 걸 반대했다. 독일은 이미 항복했고, 일본의 항복을 눈앞에 두고 있었다. 또한 원자폭탄은 군인과 민간인을 구분하지 않기 때문에 원자폭탄을 사용하는 건 비인도적인 일이었다. 하지만 미국의 군부 측 인사들은 '이런 좋은 물건을 왜 사용하지 않는가'하고 생각했고 결국 원자폭탄이 투하된다.

제2차 세계대전이 끝난 다음 수소폭탄 연구도 가능성이 보였다. 오펜하이머는 수소폭탄 제조를 다시 반대했다. 그는 자신들이 제조한 원자폭탄을, 얼마 지나지 않아 소련에서도 분명 만들 수 있게 될 거라고 생각했다. 그다음 다시 수소폭탄을 만들면, 소련도 만들 수 있게 될 거라고 예상했다. 결국에는 이런 무기를 아무도 사용할 엄두를 내지 못할 것이고, 이런 종류의 무기는 너무 비인도적이기 때문에 수소폭탄을 연구할 필요가 없다고 말이다. 어떤 사람은 이로 인해 그가 기밀 정보를 소련에 넘긴 건 아닌지 의심했다.

그래서 오펜하이머는 나중에 원자폭탄 시험장을 강제로 떠나게 된다.

당시에 텔러는 연방수사국 사람에게 이렇게 말한다. "저는 오펜하이머가 어떤 구체적인 기밀을 유출했는지는 모릅니다. 다만 제 직감으로는 오펜하이머를 원자폭탄 시험장에서 내보내는 게 미국의 국가 안전에 도움이 될 거라고 생각합니다." 옳다커니! 이는 연방수사국이 필요로 했던 바로 그 말이었다. 그들은 이 말이 아주 이상적인 증거는 아니지만, 텔러가 자신의 말을 통해 오펜하이머에 문제가 있을 가능성을 암시했다는 걸 알았다. 그래서 오펜하이머는 어쩔 수 없이 원자폭탄 시험장을 떠나게 된다. 그리고 오펜하이머를 매우 동정했던 사람도 그와 함께 떠난다. 이후 오펜하이머는 마음의 상처를 입어 다시 블랙홀 연구를 할 마음이 들지 않았다. 그는 나중에 프린스턴 고등 연구소 원장의 직무만을 맡는다.

텔러의 친구인 존 휠러는 그나마 오펜하이머와 사이가 괜찮은 편이었다. 그는 증언하러 가기 위해 준비하고 있는 텔러에게 이렇게 권고했다. "한번 잘 생각해보게. 오펜하이머에 대한 자네의 의심을 이야기하면 그에게 매우 불리할 걸세." 하지만 텔러는 결심을 바꾸지 않았다.

휠러는 나중에 오펜하이머가 예언한 중성자별이 중력 붕괴를 일으켜 암흑별이 될 가능성에 대해 연구하고 싶어 했다. 그는 아마도 이런 가능성은 없을 거라고 생각했지만, 원자폭탄 시험장에서 일하는 사람을 시켜 당시 미국에서 가장 좋은 컴퓨터로 중성자별이 내부를 향해 붕괴될 때의 시뮬레이션을 진행하도록 했다. 시뮬레이션 결과 암흑별을 형성할 수 있다는 결과가 나왔다. 휠러는 오펜하이머에게 전화를 걸어 이렇게 이야기했다. "암흑별이 형성된다는 자네 생각이 옳은 것 같네." 하지만 오펜하이머는 당시에 이미 암흑별 연구에 대한 흥미를 잃어버린 상태였다.

휠러는 이 암흑별에 블랙홀이라는 이름을 붙였다. 휠러는 1950년대에 가장 뛰어난 상대성 이론 전문가로『중력(Gravitation)』이라는 두꺼운 책을 저술했는데, 이 책은 당시의 연구된 중력에 관한 내용을 총정리한 것이다. 휠러 이외에도 저자로 킵 손이 있는데, 그는 2017년에 중력파 연구로 인해 노벨 물리학상을 받은 천체물리학자고, 찰스 미스너도 이 책의 저자다.

구면 대칭인 블랙홀

태양이 블랙홀을 형성하면 반지름이 약 3킬로미터가 된다. 지구가 블랙홀을 형성하면 반지름은 1센티미터가 되고 대략 탁구공 크기다. 달이 블랙홀을 형성하면 반지름은 겨우 약 0.1밀리미터가 된다. 물론 태양, 지구, 달은 모두 블랙홀이 될 수 없다. 태양의 마지막 단계는 먼저 백색왜성이 되었다가 그다음 냉각되어 흑색왜성이 되는 것이며, 초신성 폭발을 일으키지는 않는다.

이제 블랙홀에 관해 사람들이 처음에 어떻게 인식했는지를 살펴보자. 아인슈타인이 일반 상대성 이론을 발표한 다음, 1916년에 독일의 수학물리학자 카를 슈바르츠실트는 아인슈타인의 일반 상대성 이론 장 방정식의 첫 번째 엄밀한 해를 얻는다. 이를 슈바르츠실트 해라고 부른다. 슈바르츠실트 해는 시간 변화를 따르지 않는, 구면 대칭인 천체의 외부 시공간 왜곡 상황에 적용된다.

다음에 나오는 (식 11-1)은 3차원의 평평한 공간에 있는 두 점 사이의 거리 d*l*을 나타내고, (식 11-2)는 4차원의 평평한 공간에서 두 점 사이의 거리 d*s*를 나타낸다.

$$dl^2 = dx^2 + dy^2 + dz^2 \qquad \text{(식 11-1)}$$

$$ds^2 = -c^2 dt^2 + dx^2 + dy^2 + dz^2 \qquad \text{(식 11-2)}$$

(식 11-2)에서 c는 진공에서의 빛의 속도고, dt는 시간항이다. 공간에 시간을 더하면, 4차원 시공간이 된다. 4차원 시공간은 아인슈타인이 대학

교에 다닐 때 수학 스승인 헤르만 민코프스키가 제시한 개념이다. 그는 아인슈타인의 특수 상대성 이론에 관한 논문을 읽은 후 이 이론에서 시간과 공간이 기본적으로 동등한 위치에 있다고 생각했고, 시간과 공간을 하나로 묶어 4차원 시공간으로 표현했다.

아인슈타인이 최초에 상대성 이론을 발표했을 때는 4차원 시공간으로 상대성 이론을 표현하지 않았고, 여전히 공간은 공간, 시간은 시간이었다. 하지만 민코프스키는 시간과 공간을 4차원 시공간이라는 하나의 개체로 보았다.

슈바르츠실트가 구한 해는 구면 대칭인 물체의 외부 시공간이 왜곡된 경우이기 때문에 이 시공간은 구면 대칭인 시공간이며, 구면 좌표계로 표현하는 게 가장 간단하다. (식 11-3)은 구면 좌표를 이용해 표현한 4차원 평평한 시공간에서의 두 점 사이의 거리다. 이 식은 (식 11-2)와 완전히 동일하다. 단지 (식 11-2)는 독자들이 익숙한 직교 좌표계를 사용했고, (식 11-3)은 구면 좌표계를 사용한 것이다. (식 11-4)는 슈바르츠실트가 구한 구면 대칭인 왜곡된 시공간에서 두 점 사이의 거리의 표현식으로, 이 식은 구면 대칭인 왜곡된 시공간을 표현하며 시공간은 구부러져 있다.

$$\mathrm{d}s^2 = -c^2\mathrm{d}t^2 + \mathrm{d}r^2 + r^2\mathrm{d}\theta^2 + r^2\sin^2\theta\mathrm{d}\varphi^2 \qquad \text{(식 11-3)}$$

$$\mathrm{d}s^2 = -c^2(1 - \frac{2GM}{c^2 r})\mathrm{d}t^2 + (1 - \frac{2GM}{c^2 r})^{-1}\mathrm{d}r^2 + r^2\mathrm{d}\theta^2 + r^2\sin^2\theta\mathrm{d}\varphi^2 \text{ (식 11-4)}$$

(식 11-4)에서 표현된 왜곡된 시공간에는 두 개의 특이점이 있다. 하나는 $r = \frac{2GM}{c^2}$ 인 위치에서 시공간에 특이점이 나타난다(무한대로 발산한다).

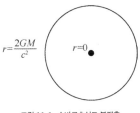

$$r = \frac{2GM}{c^2}$$ $$r = 0 \bullet$$

그림 11-1 슈바르츠실트 블랙홀

또 다른 하나는 $r=0$인 지점에서도 특이점이 나타난다(무한대로 발산한다).

〈그림 11-1〉에는 구면 대칭인 천체(슈바르츠실트 블랙홀) 내부와 외부의 시공간의 관계가 나타나 있다. 구체의 질량은 M이다. 이 구체의 부피가 좀 커지면 구체의 밀도는 작아진다. 구체의 부피가 좀 작아지면 밀도는 커진다. 이제 이 구체의 총 질량이 변하지 않는 상태에서, 이 구체를 중심을 향해 축소시킨다고 생각해보자. $r=0$인 지점까지 축소가 되면, $r=0$인 곳에서는 밀도가 무한대인 특이점이 나타난다. 그리고 $r=\dfrac{2GM}{c^2}$ 곳에서는 특이한 구면이 나타난다.

연구에 따르면, $r=0$인 이 특이점에서는 시공간의 곡률이 무한대로 발산한다. 그리고 이 특이점은 좌표 변환을 통해 제거할 수 없는 진정한 특이점이다. $r=\dfrac{2GM}{c^2}$인 특이면에서는 시공간의 곡률은 정상이고 무한대로 발산하지 않는다. 그리고 자유 낙하하는 좌표계와 같은 좌표계로 변환하면 이 구면은 사라지는데, 따라서 이 구면은 가짜 특이면이다.

후속 연구를 통해 천체가 중력 붕괴를 일으켜 블랙홀을 형성할 때 모든 물질이 구대칭으로 중력 붕괴를 일으키면, 확실히 중력이 붕괴하여 한 특이점이 되고 외부에는 특이한 면이 생긴다는 것이 밝혀졌다. 하지만 특이한 면은 가짜고, 특이점이야말로 정말 특이한 부분이다. 가짜와 진짜의 차이는 어디에 있을까? 첫 번째, 진짜 특이점이 있는 곳에서는 시공간의 곡률이 무한대로 발산한다. 두 번째, 좌표계 변환으로는 특이점의 특이성을 제거할 수 없다. 하지만 $r = \dfrac{2GM}{c^2}$ 인 곳의 특이성은 좌표계의 선택과 관련이 있고, 다른 좌표계로 바꾸면 이 특이한 면은 사라진다. 또한 이 면의 위치에서의 시공간의 곡률은 정상이므로 이 면은 가짜의 특이한 면이다. 하지만 연구에 따르면 가짜 특이성을 가진 이 면이 바로 오펜하이머가 이야기한 암흑별의 표면, 즉 나중에 연구된 슈바르츠실트 블랙홀의 표면이다. 결국 수학자들이 연구한 이 면은 블랙홀의 표면이고, 중심에 있는 점은 블랙홀 중심의 특이점이다.

무한한 적색편이 면과 사건의 지평면

특이한 면은 가짜 특이면이긴 하지만, 이는 블랙홀의 표면이기 때문에 중요한 특징이 있다. 첫 번째, 이 면은 무한한 적색편이 면이다. 제6과에서 시공간이 왜곡된 곳에서 시계는 느리게 가며, 중력의 적색편이 효과를 일으킨다는 점을 살펴보았다. 항성에 대해 천체 표면의 시계가 느려지는 걸 표현하는 공식은 (식 11-5)다. 식에서 dτ는 항성(예를 들면 태양) 표면에 놓은 시계가 측정한 시간이고, dt는 아주 먼 곳(예를 들면 태양에서 멀리 떨어진 지구)의 시계가 측정한 시간이다. M과 r은 각각 항성의 질량과 반지름이다.

블랙홀의 표면에서 $r = \dfrac{2GM}{c^2}$ 이고, 여기에서의 시간이 1초 지날 때, 즉

$$dt = \frac{d\tau}{\sqrt{1 - 2GM/c^2 r}}$$

(식 11-5)

$d\tau = 1$일 때 지구의 시계에서는 무한한 시간이 지나가는데 $dt \to \infty$이다. 즉 블랙홀 표면에 시계 하나를 놓으면 우리가 보기에는 시간이 전혀 지나가지 않는 것처럼 보이지만, 여기에서의 시계에서는 똑딱똑딱 간다. 따라서 블랙홀에 있는 시계는 무한히 느려지고, 무한히 느려진 특이점은 블랙홀이 방출한 빛의 스펙트럼선은 우리가 보기에 파장이 무한대로 커지며, 무한대의 적색편이가 일어난다. 따라서 블랙홀의 표면은 무한한 적색편이 면이 된다.

블랙홀의 표면에는 또 다른 특징이 있는데 이를 사건의 지평면이라고 부른다. 무슨 의미일까? 블랙홀 내부의 신호는 밖으로 나올 수 없다는 것이다. 외부에 있는 사람은 블랙홀의 표면 외부만을 볼 수 있으며, 장시간 동안 관찰해도 볼 수 있는 건 기껏해야 블랙홀 표면에 무한히 가까워지는 상황뿐이고, 내부의 상황을 알 수 없다. 그래서 사건의 지평면은 블랙홀의 경계가 된다.

시공간 교환과 화이트홀 문제

이제 블랙홀 표면의 세 번째 특징에 대해 알아보자. 평평한 시공간에서의 (식 11-2)와 (식 11-3)에서 시간항의 앞에는 음의 부호가 있고, 세 개의 공간항의 앞에는 양의 부호가 있다. (식 11-4)에서 나타난 구면 대칭인 천체의 외부 시공간의 왜곡 상태에서, 이 상태에는 두 개의 괄호가 있고 여전히 음의 부호인 시간항과 양의 부호인 공간항이 있다.

이제 블랙홀 내부의 상황을 살펴보자. 블랙홀의 반지름은 $r = \dfrac{2GM}{c^2}$ 이다. 블랙홀의 외부에서는 $r > \dfrac{2GM}{c^2}$ 이고, 식 (11-4)의 괄호 안은 양의 부호가 된다. 그리고 블랙홀 내부에서는 $r < \dfrac{2GM}{c^2}$ 이고, 괄호 안은 음의 부호가 되며, dt^2의 앞부분은 양의 부호가 된다. 그리고 dr^2 공간 좌표항의 앞부분은 음의 부호가 된다. 따라서 r은 이제 시간적인 특징을 가진 시간이 되고 t는 공간이 된다. 이유가 무엇일까? 민코프스키 시공간에서 시간항의 앞은 반드시 음의 부호여야 하고, 공간항의 앞은 반드시 양의 부호여야 한다는 걸 우리는 안다. 블랙홀 외부에서 dr^2, $d\theta^2$, $d\varphi^2$의 앞부분은 모두 양의 부호고, dt^2의 앞은 음의 부호다. 따라서 t는 시간이고, 나머지 세 개 항은 공간이다. 블랙홀 내부에서는 큰 변화가 일어나는데, $d\theta^2$, $d\varphi^2$의 앞부분은 여전히 양의 부호지만, dr^2의 앞부분은 음의 부호로 변하고, dt^2의 앞부분은 양의 부호가 된다. 다시 말해서 t와 r의 현재의 물리적인 의미가 서로 교환되어 r은 시간이 되고 t는 공간이 된다. 따라서 블랙홀 내부의 시공간 좌표에는 교환이 일어난다. 그러면 어떤 상황이 벌어질까? 시간에는 방향성이 있어서 계속 흘러간다. 이제 r이 시간이 되었으므로 여기에는 방향성이 존재한다. r은 블랙홀 안의 $r = 0$인 곳을 향할까, 아니면 외부를 향할까?

만약 이 블랙홀이 천체의 중력 붕괴로 인해 형성되었다면, 처음에 이 블랙홀이 형성되었을 때 물질은 안쪽을 향해 떨어지기 때문에, 이때 r의 시간의 방향은 안쪽을 향해야 한다. 다시 말해서 블랙홀 안으로 들어온 물질은 모두 $r = 0$인 곳을 향해 움직인다.

우리가 유의해야 할 점은 r이 지금은 더 이상 반지름이 아니라 시간이라는 것이다. 따라서 $r = 0$인 곳은 시간의 종점, 즉 시간이 끝나는 곳이다. 시간은 늘 흐르기 때문에, 블랙홀 안으로 들어온 물질은 반드시 '시간과 함께 움직여야 하고' 멈출 수 없다. 이 물질들은 반드시 $r=0$인 점에 떨어져야 하며, 따라서 블랙홀의 내부는 비어 있다. 블랙홀에서 $r = \dfrac{2GM}{c^2}$인 경계에서는 r의 모든 등가면은 더 이상 공간의 구면이 아니고, 시간이 서로 동일한 면, 즉 등시면이 된다. 블랙홀로 들어온 물질은 모두 시간의 방향에 따라 안쪽으로 떨어지고, 이 구면은 전부 단방향의 막처럼 되어서, 안으로 들어갈 수만 있고 밖으로 나올 수 없다. 따라서 블랙홀 내부는 텅 비어 있고, 블랙홀 안에 들어온 물질은 모두 $r=0$인 점에 모인다. 이 점은 더 이상 구의 중심이 아니라 시간의 종점이며, 물질은 모두 시간의 종점으로 이동한다.

블랙홀 내부는 텅 비어 있기 때문에, 블랙홀의 밀도를 이야기하는 건 아무 의미가 없다. $r=0$인 지점의 물질의 밀도만 무한대가 된다. 이 지점에서는 무슨 일이 일어날까? 어떤 사람은 시공간을 양자화한 다음에야 확실히 알 수 있다고 말하지만, 현재까지 시공간을 양자화하려는 모든 시도는 성공하지 못했고, 이 문제의 답은 현재로서는 확실하지 않다. 우리가 알고 있는 것은 블랙홀 내부는 하나하나의 단방향 막(r이 같은 면)이 형성된 영역이고, 안으로 들어온 물질은 멈추지 못하고 시간의 종점인 특이점을 향해 움직인다는 것이다.

만약 물질이 안에서 밖으로 나간다면 시간의 방향은 외부를 향하게 되고, $r=0$인 점이 시간의 시작점이 되면 화이트홀이 형성된다. 블랙홀은 어떤 물질이든 들어갈 수 있고, 들어간 다음에는 다시는 빠져나오지 못하는 구멍이다. 화이트홀은 끊임없이 바깥쪽으로 물체를 내보내지만, 아무런 물체도 그 안으로 들어갈 수 없는 구멍이다. 그렇다면 우리가 계산을 통해 얻은 구멍은 블랙홀일까 아니면 화이트홀일까? 둘 다 가능하다. 일반 상대성 이론에서는 $r = \dfrac{2GM}{c^2}$ 일 때의 내부는 단방향성을 가진 '홀'이라는 결론만 얻을 수 있고, 시간이 내부로 향하는지 아니면 외부로 향하는지는 알려주지 않는다. 내부로 향한다면 블랙홀이고 외부로 향한다면 화이트홀이다.

하지만 우리는 지금 우리는 한 가지 종류의 '홀'이 형성되는 방식만을 알고 있는데, 바로 천체의 중력 붕괴다. 천체 물질이 붕괴되어 $r = \dfrac{2GM}{c^2}$ 경계 안에 들어올 때 이 홀이 형성된다. 이렇게 형성된 홀의 경우, 초기 상태에서 물질이 안쪽을 향해 떨어졌기 때문에 이 초기 상태가 결정한 '홀'은 반드시 블랙홀이어야 한다. 화이트홀은 이론상으로는 존재하지만 화이트홀이 어떻게 형성되는지에 관해서는 아직까지 알려진 바가 없다.

앞서 우리는 블랙홀 표면의 세 가지 특징에 대해 살펴보았다. 사건의 지평면, 무한한 적색편이, 그리고 단방향 막의 시작점이다. 단방향 막 영역의 시작점을 겉보기 지평면이라고 부르기도 한다.

블랙홀을 향해 비행하는 우주선

〈그림 11-2〉에서 좌측에는 블랙홀 하나가 있고, 블랙홀의 경계는 사건의 지평면인데, 간단히 지평면이라고 하자. 구면 대칭인 블랙홀에 대해서, $r = \dfrac{2GM}{c^2}$ 이다. $r = 0$인 점이 특이점이다. 이제 우주선 한 대가 블랙홀을 향해서 날아가고 오른쪽에 있는 어떤 사람이 먼 곳에서 우주선을 관찰하고 있다고 가정하자. 〈그림 11-2〉 가운데의 화살표가 우주선을 의미하는데, 이 우주선은 점점 블랙홀을 향해 날아간다. 이때 멀리 있는 사람은 무

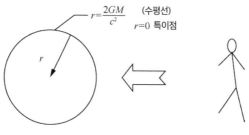

$$r=\frac{2GM}{c^2}$$ (수평선)
$r=0$ 특이점

그림 11-2 블랙홀을 향해 비행하는 우주선

엇을 보게 될까?

　만약 블랙홀부터 관측자까지의 경로에 시계와 광원을 쭉 늘어놓는다면, 블랙홀과 가까운 위치일수록 시공간의 왜곡이 더 심하게 일어나기 때문에 관측자가 보기에는 다음과 같이 느껴진다. 블랙홀에 가까이 있는 시계일수록 느리게 가고 블랙홀 표면에 놓은 시계는 전혀 움직이지 않는다. 블랙홀에 가까이 있는 광원일수록 광원에서 발사된 빛의 적색편이가 더 크게 일어나고 블랙홀 표면에 있는 광원에서 발사된 빛은 무한대의 적색편이가 일어난다. 즉 이 빛은 관측자에게 도달하지 않는다.

　따라서 우주선이 날아갈 때, 관측자가 보기에는 우주선이 날아갈수록 느려지면서 점점 붉은색이 되고, 점점 어두워진다. 관측자는 우주선이 블랙홀로 들어가는 걸 볼 수 없고, 우주선이 결국 블랙홀 표면에 붙어 있는 모습만 보게 된다. 하지만 우주선은 블랙홀 안으로 들어갔을까? 들어갔다. 그렇다면 관측자가 들어가는 모습을 보지 못한 이유는 무엇일까?

　우주선은 블랙홀 안으로 들어갔지만 우주선의 뒷모습이 블랙홀 외부에 남았기 때문이다. 블랙홀 표면 부근에서는 시공간 왜곡이 매우 심하게 일어나서, 우주선의 뒷모습을 만든 광자는 거기에 머무른 상태로 관측자를 향해서 조금씩 날아올 수밖에 없으며, 날아오면 날아올수록 광자의 숫자는 줄어든다. 따라서 관측자는 우주선이 점점 어두워지면서 빨갛게 되다가, 마지막에는 우주선이 블랙홀 표면에 붙었다가 어둠 속으로 사라지는 것만 볼 수 있고, 우주선이 블랙홀로 진입하는 건 볼 수 없다.

블랙홀에 진입한 이후 우주선의 운명

그렇다면 우주선 안에 있는 비행사는 어떻게 느낄까? 그가 사용하는 시계는 블랙홀 외부에 있는 시계와는 다른데, 블랙홀 외부에 있는 시계들은 서로 다른 좌표계에 있기 때문이다. 우주선에 있는 시계는 우주선 좌표계에 있고 비행사는 자신의 시계가 매우 정상적으로 움직인다고 생각할 것이다. 우주선이 블랙홀로 진입한 다음 우주선은 중심의 특이점, $r = 0$인 시간의 종점을 향해 움직인다. 블랙홀 내부는 단방향의 막이기 때문에 우주선은 멈춰 있을 수 없다. 비행사는 어떻게 느낄까? 비행사는 조력이 점점 강해진다고 느낄 것이다.

조력이란 만유인력의 차이를 가리킨다. 우리가 지구 표면에 서 있을 때 받게 되는 중력은 지구의 우리에 대한 만유인력이라고 할 수 있다. 하지만 우리의 정수리가 받는 만유인력과 발바닥이 받는 만유인력은 동일할까? 동일하지 않다. 우리의 정수리부터 지구 중심 사이의 거리와 발바닥부터 지구 중심 사이의 거리에는 우리의 신장 δ(델타)만큼 차이가 나기 때문이다. 이 신장 차이로 인해 생기는 중력의 차이는 물 세 방울에서 네 방울 정도의 무게인데, 우리는 평소에 이 차이에 익숙해져서 전혀 느끼지 못한다. 하지만 이 중력의 차이가 바로 밀물과 썰물을 만드는 조력이다.

달

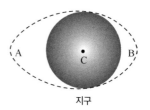

지구

그림 11-3 조력

　지구의 밀물과 썰물은 주로 달의 영향을 받고 그다음으로 태양의 영향
도 있다. 〈그림 11-3〉에서 왼쪽에는 달, 오른쪽에는 지구가 있는데, 타원형
점선은 바다의 표면을 가리킨다. A 점과 달 사이의 거리와 B 점과 달 사이
의 거리는 대략 지구의 지름만큼 차이가 난다. 따라서 이 두 점이 받는 달
의 중력에는 차이가 있고, 이 차이로 인해 달을 향해 있는 면과 달을 등지
고 있는 면은 밀물이 생기고, 고리 모양의 수평인 면에는 썰물이 생기는데,
밀물과 썰물은 이렇게 생겨난다. 대조(만조와 간조의 차이가 가장 큰 시기-옮긴
이)와 소조(만조와 간조의 차이가 가장 작은 시기-옮긴이)는 태양, 달이 함께 영
향을 끼친 결과다. 태양, 달, 지구가 만약 일직선상에 있게 되면 대조가 일
어난다. 달과 지구를 이은 직선과 태양과 지구를 이은 직선이 수직이 되면
소조가 일어난다.

　우주선이 블랙홀로 진입한 다음 블랙홀 안의 물질은 모두 특이점인
$r = 0$인 곳으로 모이게 되고, 따라서 여기에서는 매우 강한 만유인력이 작
용한다. 우주선의 머리 부분에서 특이점까지의 거리와 꼬리 부분에서 특
이점까지의 거리는 우주선의 길이만큼 차이가 나고, 이렇게 조력이 생긴
다. 이 조력은 우주선이 특이점에 가까워질 때 매우 크기 때문에, 사람과

우주선을 전부 산산조각으로 분해시켜 버리고, 우주선을 특이점, 시간의 종점까지 도달하게 만든 다음 시간 밖으로 사라지게 만들 것이다. 시간 밖으로 사라진다는 건 무슨 의미일까? 현재로서는 명확하지 않다. 이러한 설명은 사실 고전적인 시공간 왜곡 이론, 즉 일반 상대성 이론에 따라 묘사한 것이다. 현재 사람들은 중력장이 전자기장과 마찬가지로 양자화될 수 있어야 한다고 된다고 생각한다. 중력장이 양자화가 된 다음에는 우주선의 최후 결말은 이렇게 되지 않을 가능성이 있다. 하지만 중력장을 양자화하려는 모든 시도는 아직까지 성공한 적이 없다.

이제 우주선이 블랙홀에 진입한 다음, 얼마나 긴 시간이 지나야 특이점에 도달할 수 있는지 살펴보자. 예를 들어 태양 질량의 1배고, 반지름이 3킬로미터인 블랙홀이 있다고 가정하자. 우주선이 블랙홀의 중심에서 12킬로미터 떨어진 곳에서 자유 낙하하면, 대략 10만분의 1초면 특이점에 떨어져 사라진다. 따라서 시간은 매우 짧다.

우리가 계산을 할 때 만약 우주선을 하나의 참고가 되는 질점이나 검증용 질점으로 간주하고, 우주선 자체가 블랙홀 부근에서의 시공간 왜곡에 미치는 영향을 고려하지 않으면, 계산 결과 이 질점은 블랙홀 표면에 계속 붙어 있고 블랙홀 안으로 들어가지 않는다. 하지만 이 질점 자체가 시공간 왜곡에 미치는 영향을 고려하면, 특히 이 질점이 블랙홀 표면에 매우 가까워졌을 때, 질점은 퍼텐셜 장벽(입자를 어떤 특정 공간에 갇혀 있게 하는 에너지 장벽-옮긴이)을 통과하는 터널 효과처럼 순식간에 안으로 진입할 것이다.

제 12 과

블랙홀은
정말로 검을까?

대전된 블랙홀

아인슈타인의 장 방정식의 해는 구하기가 매우 어렵다. 슈바르츠실트 해는 시간 변화를 따르지 않는, 전하를 띠지 않는 구면 대칭인 블랙홀, 즉 슈바르츠실트 블랙홀에 적용된다. 이 블랙홀의 시공간 왜곡 상태는 질량 M 만으로 결정된다. 하지만 천체가 전하를 띠고 있다면 이렇게 형성된 블랙홀은 대전된 블랙홀이 되고(《그림 12-1》), 이를 대전된 슈바르츠실트 블랙홀이라고 부른다. 물리학자 라이스너와 노르드스트룀은 아인슈타인의 장 방정식과 맥스웰 방정식을 연립하여 대전된 슈바르츠실트 블랙홀의 해(R-N 해)를 얻었고, 따라서 이 블랙홀을 라이스너-노르드스트룀(R-N) 블랙홀이라고 부르기도 한다. 이상적인 R-N 블랙홀에서 질량과 전하는 모두 중심의 특이점, 시간의 종점에 모인다. 이 블랙홀에는 바깥쪽 지평면인 r_+와 안

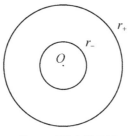

그림 12-1 전하를 띤 대칭 블랙홀

쪽 지평면인 r_- 두 개의 지평면이 존재한다. 바깥쪽 지평면과 안쪽 지평면 사이에는 단방향의 막 영역이 존재한다. 하지만 안쪽 지평면의 내부와 바깥쪽 지평면의 외부는 단방향 막 영역이 아니다. 만약 우주선이 바깥쪽 지평면에 진입하면, 우주선은 안쪽 지평면으로 떨어져서 안쪽 지평면을 통과한 다음 단방향 막이 아닌 영역으로 들어간다. 안쪽 지평면의 내부와 바깥쪽 지평면의 외부의 시공간 영역은 물리적인 성질이 매우 비슷하며, 우주선은 여기서 오랜 기간 동안 존재할 수 있다. 안쪽 지평면으로 진입한 우주선이 특이점에 부딪힐 걸 걱정하지 않아도 된다. 사실 우주선이 부딪치려고 해도 부딪칠 수 없다. 전하를 띤 특이점에는 매우 강력한 반발력이 있어서 우주선이 접근하지 못하게 하기 때문이다.

회전하는 블랙홀

블랙홀 연구에 대한 획기적인 진전은 회전하는 블랙홀에 대한 연구로부터 나왔다. 로이 커는 먼저 회전하는 천체 외부의 시공간 왜곡 상태에 대한 해를 구했다. 이 천체는 일정한 각운동량으로 회전하는데, 즉 이 천체는 중력 붕괴를 일으켜 블랙홀이 되기 전에, 질량 이외에도 회전하는 각운동량을 가지고 있다. 이런 회전축이 대칭인 천체는 내부를 향해 중력 붕괴를 일으킬 때 〈그림 12-2〉와 같은 회전하는 블랙홀, 즉 커 블랙홀을 형성한다. 커 블랙홀이 흥미로운 이유는 이 블랙홀도 바깥쪽 지평면 r_+와 안쪽 지평면 r_-의 두 개의 지평면을 형성하며, 가운데에 있는 특이점은 고리 특이점으로 변한다는 것이다. 그리고 이 블랙홀의 무한한 적색편이 면은 지평면과 분리되어서 외부의 무한한 적색편이 면 r_+^s와 내부의 무한한 적색편이 면 r_-^s가 된다.

우리가 앞서 살펴본 구형 대칭인 블랙홀은 대전되어 있든 그렇지 않든 무한 적색편이 면이 지평면과 겹쳐진다. 따라서 이 영역은 블랙홀의 지평면이면서 단방향성을 가진 막의 시작점이 된다. 그리고 여기에 놓여 있는 시계에서는 시간이 흐르지 않고, 여기에 놓인 광원에서 발생한 빛은 무한한 적색편이를 일으킨다. 하지만 커 블랙홀의 무한한 적색편이 면은 지평면과 분리되고, 외부의 무한한 적색편이 면은 납작한 타원과 같은 상태가 되어, 지평면은 외부의 무한한 적색편이 면의 안쪽에 있게 된다. 바깥쪽 지

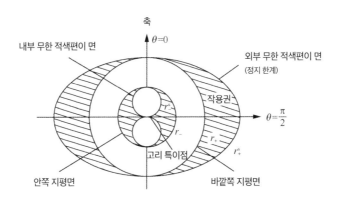

그림 12-2 커 블랙홀

평면과 안쪽 지평면은 모두 구면 대칭에 가깝지만, 완벽한 구면 대칭이 아니라 회전축 대칭이다. 〈그림 12-2〉에서 외부의 무한한 적색편이 면과 바깥쪽 지평면 사이에는 에너지가 저장된 작용권이 있다. 만약 블랙홀의 각운동량이 점점 줄어들면 커 블랙홀은 구면 대칭의 슈바르츠실트 블랙홀이 된다. 커 블랙홀의 각운동량이 점점 커져서 결국 안쪽 지평면과 바깥쪽 지평면이 함께 붙어버리면, 단방향의 막 영역은 한 겹의 막만 가진 상태가 되고, 이때 회전하는 블랙홀은 임계 블랙홀이 된다.

구면 대칭인 블랙홀의 지평면 안쪽은 모두 단방향 막 영역이며, 대전된 블랙홀에서는 안쪽과 바깥쪽 두 지평면 사이에 있는 공간만이 단방향 막 영역이다. 커 블랙홀의 경우 바깥쪽 지평면과 안쪽 지평면 사이는 단방향 막 영역이고, 안쪽 지평면이 안쪽은 단방향 막 영역이 아니다. 그리고 중간의 고리 특이점 부근에는 닫힌 시간선이 존재한다.

무엇을 닫힌 시간선이라고 부를까? 앞서 3차원 공간에서 한 사람이 한 점으로 간주될 수 있지만 4차원 시공간에서는 한 점이 될 수 없다는 걸 언급했다. 시간의 변화에 따라 시간축에 하나의 선을 그려낼 수 있는데, 이를 세계선이라고 한다. 이 사람이 등속 직선 운동을 한다면 비스듬한 선을 그려낼 수 있다. 이 사람이 속도가 변하는 운동을 한다면 곡선을 그리게 되는데 공간과 시간의 위치가 모두 변하기 때문이다. 이 사람이 움직이지 않으면 시간축과 평행한 선을 그리게 되는데, 공간의 위치는 변하지 않고 시간을 따라 뻗어나가기만 하기 때문이다.

하나의 질점이 그린 세계선의 길이는 그 질점이 지나온 시간이다. 이 질점이 사람이고 시계를 가지고 있다면, 그려낸 세계선(하나의 곡선)의 길이는 시계가 측정한 시간이다. 이 곡선이 닫혀 있다면 이 사람은 그의 과거로 돌아가게 되고 인과성에 문제가 생긴다. 따라서 닫힌 시간선이 나타나면 시공간의 인과성에 문제가 생긴다. 커 블랙홀의 고리 특이점 부근에서는 닫힌 시간선이 나타나는 건 유의할 만한 큰 문제다.

'털없음 정리' 또는 '털 세 가닥 정리'

회전하면서 대전되어 있는 블랙홀을 커-뉴먼 블랙홀이라고 부른다. 이 블랙홀은 커 블랙홀과 매우 유사하며 안쪽과 바깥쪽에 두 개의 지평면이 있다. 이 두 지평면 사이는 단방향의 막 영역이고 안쪽 지평면의 내부는 단방향의 막 영역이 아니다. 중앙에는 고리 특이점이 있고 외부에는 하나의 외부 작용권, 내부에는 하나의 내부 작용권이 있다. 커-뉴먼 블랙홀은 총질량, 총전하, 총각운동량의 세 가지 매개변수로 설명할 수 있다. R-N 블랙홀은 총질량과 총전하 두 가지 매개변수로 설명된다. 슈바르트실트 블랙홀은 총질량이라는 하나의 매개변수로 설명할 수 있다.

사람들은 블랙홀이 일단 형성되고 나면, 그 내부에 대해서는 우리가 거의 아무런 정보(여기서 이야기하는 정보는 양자적 정보로, 입자 배열을 나타내는 속성을 말한다-옮긴이)도 얻을 수 없다는 걸 발견했다. 외부에 있는 사람이 블랙홀을 보면 블랙홀의 총질량, 총전하, 총각운동량만 알 수 있을 뿐이며 다른 정보는 전부 알 수가 없다. 물리학에서 블랙홀을 연구하는 사람들은 정보를 블랙홀의 '모(毛, 털)'로 간주하는데, 하나의 천체가 블랙홀을 형성하고 나면, 이 블랙홀은 거의 '무모(無毛, 털없음)'가 된다. 따라서 물리학자들은 '무모 정리(털없음 정리)'라는 개념을 제시했는데, 블랙홀 외부에 있는 사람은 블랙홀의 세 가지 모(털)만 알 수 있다는 것이다. 즉 블랙홀의 총질량, 총전하, 총각운동량이며, 다른 정보는 블랙홀 내부 안에 갇혀 있다.

중국 사람이 아닌 학자들은 이 정리를 무모 정리라고 부르지만, 사실 엄밀한 정의는 아니다. 만약 중국 사람이 가장 먼저 이 문제를 연구했다면, 아마도 삼모(三毛) 정리라는 개념을 제시했을 것이다. 사실 블랙홀에는 털 한 가닥도 없는 게 아니라, 아직 털(정보) 세 가닥이 남아 있다. 중국에는 『삼모유랑기(三毛流浪記)』라는 책이 있다. 어떤 사람은 만화를 그려서 블랙홀의 무모 정리를 설명한 적이 있는데, 만화에는 대머리인 중이 나오고 중의 머리에는 머리카락 세 가닥이 남아 있다.

블랙홀의 무모 정리에서 알 수 있듯이, 블랙홀은 자신의 뿌리를 잊어버린 별이다. 자신의 과거를 잊었고, 자신이 원래 어떤 별에서 형성되었는지, 몇 번의 중력 붕괴를 겪었는지를 잊었다. 한 번에 블랙홀이 된 것인지, 아니면 계속해서 물질들이 쌓여서 천천히 커진 것인지 블랙홀은 기억하지 못한다. 외부에 있는 사람은 블랙홀의 총질량, 총전하, 총각운동량, 세 가지 정보만을 알 수 있다.

블랙홀은 죽은 별인가

블랙홀은 자신의 뿌리를 잊어버린 별로, 거의 모든 정보를 잃어버렸다. 블랙홀은 죽은 별로 아무런 생명력이 없다. 이것이 블랙홀에 대한 사람들의 초기 생각이었다. 하지만 나중에 사람들은 모든 블랙홀이 죽은 별은 아니라는 걸 깨달았다.

처음에는 로저 펜로즈였는데, 이 사람은 수학자로 나중에 일반 상대성 이론 연구에 참여한다. 그는 회전하는 블랙홀에는 에너지가 저장되어 있는 작용권이 있다는 개념을 제시했다. 〈그림 12-3〉은 커 블랙홀의 단면도인데, 그림 가운데 거의 구형에 가까운 면이 바깥쪽 지평면이고, 가장 바깥쪽이 무한한 적색편이 면이다. 다음과 같이 간단히 상상해보자. 블랙홀의 바깥쪽 지평면은 호두의 껍데기라고 보고, 무한한 적색편이 면을 귤의 껍질이라고 보면, 그 전체는 귤 속에 있는 호두로 생각할 수 있다. 그렇다면 블랙홀의 경계는 어디일까? 블랙홀의 경계는 귤 껍질이 아니라 호두 껍데기가 된다. 만약 독자가 우주선을 타고 무한한 적색편이 면을 통과하더라도 호두 껍데기, 즉 바깥쪽 지평면을 넘어가지만 않으면 안전하고, 그곳을 빠져나오는 것도 가능하다. 펜로즈의 연구는 바깥쪽 지평면과 무한한 적색편이 면 사이에 에너지가 저장되어 있다는 걸 밝혀냈고, 이 영역을 '작용권'이라고 부른다.

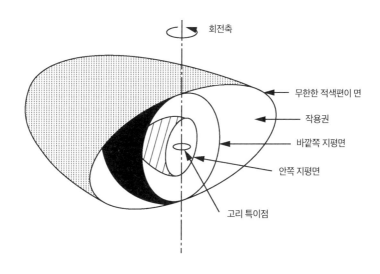

그림 12-3 커 블랙홀의 단면도

펜로즈는 연구를 통해 어떤 물체가 작용권에 들어갔다가 다시 밖으로 빠져나온다면, 이 물체가 작용권을 빠져나올 때의 에너지는 작용권에 들어갈 때의 에너지보다 더 클 수 있다는 걸 발견했다. 이유가 무엇일까? 그는 작용권 안에는 음의 에너지의 궤도가 있는데, 이 안으로 진입한 물체는 두 조각으로 나누어질 수 있고, 한 조각은 음의 에너지의 궤도를 따라 블랙홀로 끌려 들어가고, 다른 한 조각은 밖으로 나온다고 생각했다. 음의 에너지 궤도를 따라서 끌려간 물체는 에너지가 음의 부호고 따라서 블랙홀의 에너지는 줄어든다. 밖으로 튕겨 나오는 물체의 에너지는 에너지 보존 법칙에 따라 블랙홀에 진입할 때의 에너지보다 커야 한다. 그래서 그는 이 방법을 이용해 작용권에서 에너지를 얻을 수 있으며 회전하는 블랙홀은 실제로는 생명력이 있다고 생각했다. 이렇게 블랙홀의 작용권에서 에너지를 얻는 과정을 펜로즈 과정이라고 부르는데, 〈그림 12-4〉에 그 과정이 설명되어 있다. 이 이론은 현재까지 오류가 발견되지 않았다.

나중에 어떤 사람은 만약 이 물체가 양자 레벨의 물질이라면 이 물체는 동시에 하나의 파동이 아닐까라고 생각했다. 이러한 경우 입사파가 블랙홀로 진입하면, 블랙홀 밖으로 나갈 때의 파동은 입사파보다 훨씬 강해질 가능성이 있다. 이러한 가능성을 제시한 사람은 찰스 미스너로, 미스너는 앞서 언급한 『중력』의 저자 중 한 사람이다. 미스너가 제시한 블랙홀에서 튀어나오는 파동의 방사를 '미스너 초방사'라고 부르며, 이 또한 작용권의 에너지를 추출하는 방법이다. 미스너 초방사와 펜로즈 과정은 모두 블랙홀의 에너지와 각운동량을 외부로 뽑아내어 블랙홀의 회전 속도를 점점 느리게 만들고, 결국 이 블랙홀은 슈바르츠실트 블랙홀이 된다.

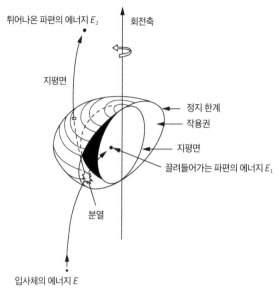

튀어나온 파편의 에너지 E_2

회전축

지평면

정지 한계

작용권

지평면

끌려들어가는 파편의 에너지 E_1

분열

입사체의 에너지 E

그림 12-4 펜로즈 과정

아인슈타인의 영감

이때 또 두 사람이 새로운 발견을 발표하는데 한 사람은 소련의 알렉세이 스타로빈스키고, 다른 한 사람은 캐나다의 빌 언루다. 이 두 사람은 아인 슈타인의 방출 이론을 근거로 초방사가 있으면 자연 방사도 있어야 한다 고 주장했다. 왜 그렇게 생각했을까? 초방사는 본질적으로 레이저와 같은 일종의 유도 방출이기 때문이다. 아인슈타인이 유도 방출 이론을 가장 먼 저 제시하긴 했지만, 그는 당시에 레이저가 그렇게 강력할 수 있다는 건 생 각하지 못했다.

아인슈타인은 이렇게 설명했다. 원자가 높은 에너지 준위에 있을 때, 이 원자는 낮은 에너지 준위로 떨어지면서 에너지를 방출할 수 있다. 원자가 낮은 에너지 준위에 있을 때는 방사 에너지를 흡수하여 높은 에너지 준위로 전이할 수 있다. 〈그림 12-5(a)〉에서 입사한 광자의 에너지 hv가 마침 원자의 두 개의 에너지 준위의 차이만큼을 만족시키면, 이 원자는 이 광자를 흡수하여 낮은 에너지 준위에서 높은 에너지 준위로 전이하는데, 이 것이 흡수 과정이다. 또 다른 과정은 높은 에너지 준위의 원자가 낮은 에너지 준위로 이동하면서 에너지가 hv인 방사를 일으키는 자연 방출로, 〈그림 12-5(b)〉의 경우다. 이 두 개의 과정이 사람들에게 알려져 있었지만, 아인슈타인은 또 다른 경우를 제시한다. 대량의 원자가 높은 에너지 준위 상태에 있을 때, 입사하는 광자 한 개의 에너지가 이 두 에너지 준위의 차 이와 일치하면, 이 광자는 이 원자들을 한꺼번에 자극시켜 높은 에너지 준위에서 낮은 에너지 준위로 이동시킬 수 있다는 것이다. 이를 〈그림 12-5(c)〉의 유도 방출이라고 한다.

유도 방출은 현대 레이저의 가장 근본적인 기초 이론이다.

스타로빈스키와 언루는 블랙홀의 초방사는 유도 방출과 비슷하다고 생각했다. 아인슈타인의 방출 이론에 따르면 자연 방출 계수와 유도 방출 계

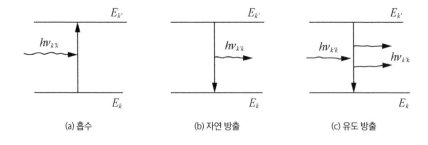

(a) 흡수   (b) 자연 방출   (c) 유도 방출

그림 12-5 원자의 복사와 흡수

수 사이에는 관련이 있고, 둘 중 하나가 0이 아니면 다른 하나도 0이 될 수 없다. 따라서 그들은 블랙홀의 자연 방사도 있어야 한다고 주장했다.

'진공은 텅 비어 있는 게 아니다'와 반물질

자연 방사가 정말로 존재하는 걸까? 나중에 사람들은 회전하는 블랙홀과 대전된 블랙홀에는 모두 자연 방사가 존재한다는 걸 발견했다.

여기서는 폴 디랙이 소립자 연구에서 제시한 디랙 진공 이론에 대해 소개할 필요가 있다. 그의 주장의 주된 요지는, 양자의 관점에서 보면 진공은 아무것도 없는 상태가 결코 아니라는 것이다. 그는 자신이 제시한 상대론적 양자 역학 방정식을 근거로, 진공 상태에서는 양의 에너지 상태만 존재하는 것이 아니라 음의 에너지 상태도 존재할 가능성을 발견했는데, 〈그림 12-6〉에 그 점이 설명되어 있다. 이제 전자를 예로 들어 이야기해보자.

예를 들어 전자 하나가 있는데, 이 전자의 정지 질량은 m_0이고 이 전자는 m_0c^2과 같거나 비슷한 에너지 상태에 있다. 에너지가 m_0c^2이라면 정지해서 움직이지 않는 전자다. m_0c^2보다 크다면 전자는 운동하고 있고 운동

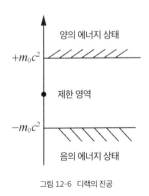

그림 12-6 디랙의 진공

에너지를 가진다. 디랙은 전자가 음의 에너지 상태가 존재할 가능성이 있다고 주장했다. 음의 에너지 상태란 무엇일까? 전자가 정지 상태에 있을 때의 에너지가 $-m_0c^2$인 상태다. 이 밖에도 에너지가 $-m_0c^2$보다 더 낮은 전자도 있다. 나중에 그는 이를 바탕으로 양전자의 존재를 예측한다.

디랙은 진공이 사람들이 일반적으로 생각하는 것처럼 아무것도 없는 상태가 아니며, 진공은 사실 에너지가 가장 낮은 상태라고 생각했다.

진공을 제일 가난한 사람으로 비유해보자. 주머니에는 돈 한 푼도 없는 찢어지게 가난한 사람이 제일 가난한 사람은 아닐 수도 있다. 어떤 사람이 주머니에 돈이 없을 뿐 아니라 수많은 친구, 은행에 돈을 빌렸다. 결국에는 돈을 빌릴 수 있는 모든 곳에서 돈을 전부 빌렸지만, 그래도 돈이 한 푼도 없는 사람, 이 사람이야말로 제일 가난한 사람이다.

마찬가지로 에너지가 가장 낮은 상태는 전자가 하나도 없는 상태가 아닌데, 음의 에너지를 가진 전자 상태가 아직 많이 존재하기 때문이다. 음의 에너지의 전자 상태가 전체를 가득 채우고 양의 에너지의 전자 상태가 모두 없어지면, 이때야말로 진정한 의미에서 에너지가 가장 낮은 상태, 진공 상태가 된다.

전자 한 개는 전자 반 개의 에너지를 가질 수는 없기 때문에, $+m_0c^2$과 $-m_0c^2$ 사이에는 전자가 없는 제한된 영역이 있다. $+m_0c^2$ 이상은 모두 양의 에너지의 전자 영역이고 $-m_0c^2$ 이하인 영역은 모두 음의 에너지의 전자 영역이다.

디랙은 진공 중에는 음의 에너지의 전자가 존재하므로, 진공 상태를 자극시켜 음의 에너지를 가진 전자에 양의 에너지를 주면, 이 전자가 제한 영역을 뛰어넘어 양의 에너지 영역으로 들어갈 수 있다고 주장했다. 이렇게 양의 에너지의 전자가 생겨나고, 동시에 음의 에너지 구멍이 생긴다. 전하량 보존의 법칙에 따라, 양의 에너지의 전하는 음전하를 띠므로 음의 에너지의 구멍은 양전하를 띠어야 한다. 여기서 유의할 점은 제한 영역의 폭은 $2m_0c^2$이므로 전자에게는 반드시 $2m_0c^2$의 에너지가 주어져야 한다는 것이다. 하지만 생성된 양의 에너지를 가진 전자의 에너지는 m_0c^2뿐인데, 나머지 m_0c^2은 어디로 갔을까? 음의 에너지 구멍에 남는 수밖에 없다. 에너지 보존 법칙에 따라 음의 에너지의 구멍의 에너지는 양의 에너지다. 이는 진공 중에서 하나의 전자쌍을 만들어내는 것과 비슷하며, 〈그림 12-7〉에서 이를 설명한다.

전자쌍의 두 개의 전자는 하나는 음전하(우리가 일반적으로 말하는 전자)를, 다른 하나는 양전하(음의 에너지 구멍, 양전자라고 부른다)를 띤다. 미국에서 유학한 중국인 학자 자오중야오(赵忠尧)는 최초로 진공에서 양전자와 음전자 쌍을 만들어 내는 데 성공하며, 양전자와 음전자 쌍이 소멸되어 다시 광자가 되는 과정을 가장 먼저 관찰한 인물이다. 유감스럽게도 그의 머

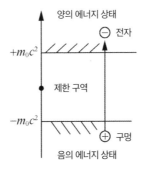

그림 12-7 양전자 음전자 쌍의 생성

릿속에는 양전자라는 개념이 없었다. 그리고 같은 시기에 몇 가지 실험 결과가 그의 실험 결과와 배치되었고, 나중에서야 사람들은 그 몇 가지 실험이 모두 틀렸으며 그의 실험만 옳다는 걸 알게 된다. 하지만 이 잘못된 실험들 때문에 그는 시간을 허비했고, 노벨상 위원회는 대개 중국 사람을 무시했기에 양전자의 발견자를 칼 데이비드 앤더슨이라고 생각했다. 그래서 결국 노벨 물리학상은 앤더슨 한 사람에게 주어진다. 앤더슨이 먼저 양전자의 존재를 확정 지은 건 사실이지만, 자오중야오도 분명 기여한 부분이 있음에도 불구하고 업적을 인정받지 못했다.

연구에 따르면, 스핀이 반정수(정수에 1/2이 더해진 분수-옮긴이)인 모든 소립자에 대해 앞에서 언급한 전자 진공과 비슷한 디랙 진공을 만들 수 있는데, 예를 들면 양자 진공 등이 있다. 양자 진공 속의 음의 에너지 구멍은 음의 전하를 띤 반양성자다. 반양성자는 또 반중성자와 함께 결합하여 반원자핵을 구성할 수 있고, 그 외부를 양전자가 둘러싸고 돌고 있으면 반원자가 되는데, 이것이 반물질이다. 현재 일부 반물질은 이미 실험실에서 만들어졌다. 따라서 디랙, 자오중야오, 앤더슨의 업적은 인류가 물질세계를 인식하는 새로운 단계를 창조했다고 볼 수 있다.

자오중야오는 나중에 중국으로 돌아왔고, 중국의 핵물리학 발전에 크게 공헌한다.

블랙홀 근처의 진공 변형

스타로빈스키, 언루의 연구에 따르면, 블랙홀이 회전하거나 대전되어 있으면 블랙홀 표면에서 멀리 떨어진 곳, 즉 〈그림 12-8〉에서 우측의 영역의

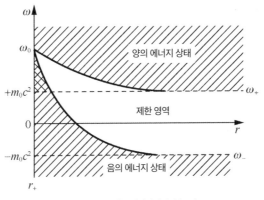

그림 12-8 블랙홀 근처의 디랙 에너지 준위

경우 디랙 진공의 가운데는 제한 영역이고, 위쪽은 양의 에너지 상태, 아래쪽은 음의 에너지 상태다. 이 우측의 영역은 평평한 시공간의 상태와 같다. 하지만 블랙홀 근처에 가면 가장 낮은 양의 에너지 상태와 가장 높은 음의 에너지 상태의 곡선이 위로 상승하여 제한 영역은 0으로 축소되고, 양의 에너지 상태와 음의 에너지 상태가 모두 하나의 점으로 줄어든다.

〈그림 12-8〉에서 세로축은 블랙홀의 표면이다. 블랙홀의 표면 부근에는 교차선이 있는 어두운 영역이 있는데, 이 어두운 영역은 음의 에너지의 전자로 가득 차 있다. 하지만 이 영역의 에너지는 여전히 일반적인 진공 상태의 양의 에너지 상태의 에너지보다 높다. 따라서 이 전자들은 터널링 효과를 통해 제한 영역을 뛰어 넘어 양의 에너지의 전자가 될 가능성이 있다. 이 현상이 블랙홀의 자연 방사다. 스타로빈스키와 언루는 이 자연 방사를 예측하고 계산했다. 나중에 필자의 프로젝트 팀도 블랙홀이 운동하고 있는 상황에서 계산과 연구를 진행하여 어느 정도 성과를 얻었다.

따라서 블랙홀에는 유도 방사, 자연 방사가 있으며, 이 두 종류의 방사는 모두 양자역학적 과정이고, 블랙홀의 회전 에너지와 전하를 가져갈 수 있다. 블랙홀은 회전 에너지와 전하를 빼앗기면서 점점 멈추게 되고, 전하를 띠지 않게 되어 슈바르츠실트 블랙홀이 된다.

우리는 슈바르츠실트 블랙홀을 블랙홀의 기본 상태로 간주할 수 있고, 회전하는 블랙홀과 대전된 블랙홀은 마치 블랙홀의 들뜬 상태와 같다. 이 블랙홀들은 천천히 전하를 띠지 않고 회전도 하지 않는 슈바르츠실트 블랙홀로 돌아간다. 비록 회전하는 대전된 블랙홀은 어느 정도 생명력이 있고 펜로즈 과정, 미스너 초방사, 자연 방사가 포함된 물리적인 과정이지만, 이 블랙홀이 슈바르츠실트 블랙홀로 돌아간 다음에는 죽은 별이 되고 만다. 이것이 당시에 호킹이 블랙홀 연구를 진행할 때의 배경이다.

제 13 과

호킹,
갈릴레이의 환생

갈릴레이가 사망한 지 300주년이 되는 날, 호킹이 탄생했다

스티븐 호킹은 1942년 1월 8일에 옥스퍼드에서 태어났는데, 이날은 마침 갈릴레이가 세상을 떠난 지 300주년 되는 날이었다. 그는 강연을 할 때 자주 이 우연의 일치를 농담으로 언급하면서, 마치 사람들에게 그가 갈릴레이의 환생인 것처럼 이야기했다. 하지만 그는 사실 그날 태어난 아이는 20만 명이나 되기 때문에 이 우연의 일치가 특별한 일이 아니라는 점도 언급했다. 옥스퍼드에서 태어나긴 했지만, 호킹의 집은 여기에 있지 않았다. 당시에는 제2차 세계대전이 벌어지고 있었기 때문에 영국 곳곳은 독일 비행기의 폭격을 받았다. 하지만 영국과 독일 사이에는 암묵적인 합의가 맺어졌는데, 독일의 비행기는 영국의 문화 중심지인 옥스퍼드와 케임브리지 두 도시를 폭격하지 않고, 영국과 미국의 공군은 독일의 문화 중심인 괴팅겐과 하이델베르크, 두 도시를 공격하지 않기로 한 것이다. 그래서 호킹의 어머니는 옥스퍼드로 가서 아이를 낳았다.

호킹의 부모는 옥스퍼드대학교를 졸업했다. 그의 아버지는 생체 의학을 배웠고, 의사가 가장 좋은 직업이라고 생각해 호킹이 의사가 되기를 늘 바랐다. 호킹의 어머니는 비서로 일했다. 그녀는 젊었을 때는 영국 공산당원이었고 나중에 노동당에 가입한다. 그녀는 늘 호킹을 데리고 시위와 같은 정치 활동에 참여했다.

호킹은 자신이 부유한 집안에서 자라지 못했기에 선생님과 시설 수준이 비교적 좋은 사립 중고등학교가 아닌, 수준이 꽤 괜찮은 공립학교에 진학했다고 말했다. 당시 영국은 교육 개혁을 진행하면서 경쟁을 통해서 우수한 학생을 선발하려고 했다. 교육 개혁을 진행한 이유가 무엇일까? 매우 중요한 한 가지 원인은 소련이 인공위성을 발사했기 때문이다. 필자는 1950년대에 미국 사람들이 자신들이 곧 대륙간탄도미사일을 만들어낼 거라고 허세를 부렸던 걸 기억한다. 그들은 대륙간탄도미사일이 '최후의 무기'이며 이 물건이 발사되면 상대방은 전혀 방어할 수 없다고 이야기했다. 그들이 아직 대륙간탄도미사일을 개발하지 못했을 때 소련이 시베리아에서 8,000킬로미터를 날아가는 대륙간탄도미사일을 발사했다고 발표했다. 이는 미국 본토에 도달할 수 있는 거리였다. 미국은 처음에 소련의 발표를 좀처럼 믿지 못했다. 하지만 나중에 소련 사람들이 위성을 만들어 하늘로 올려보내자 소련의 발표를 믿을 수밖에 없었다. 위성 발사는 대륙간탄도미사일을 사용한 로켓이 있어야만 가능하기 때문이다. 그래서 미국 등의 서방 국가는 그들의 교육 제도에 문제가 있어서 과학 기술 분야에서 소련에 뒤처졌다고 생각했다. 그래서 그들은 교육 개혁을 진행했는데, 이 개혁도 실험적으로 진행되었다.

예를 들어 호킹이 중고등학교 때 겪었던 상황에 대해 이야기해보자. 당시에 한 학년은 몇 개의 반으로 나누어져 있었고, 성적이 좋은 학생은 A반, 성적이 중간인 학생인 B반, 성적이 가장 안 좋은 학생은 C반이었다. 매년 이 몇 개 반 사이에서 학생들은 자리를 바꾸었다. 예를 들어 A반의 20등 아래 학생은 B반으로 강등되고, B반에서 앞의 몇 명은 A반으로 올라가고, B반의 하위권 학생은 C반으로 강등되고, C반에서 성적이 좋은 학생은 다시 B반으로 올라갔다. 처음 A반으로 시작한 호킹은 첫 학기에 24등을 했고, 두 번째 학기에 23등을 해서 곧 B반으로 강등될 운명이었다. 다행스럽게도 학교가 3학기였던 덕분에 세 번째 학기 시험에서 호킹은 18등을 했고 결국 B반으로 강등되지 않았다. 호킹은 이런 교육제도를 매우 반대했는데, 이런 제도가 강등된 아이들에게 심리적으로 큰 상처를 준다고 생각했다. 이런 방식은 대기만성형 학생에게 분명 불리하게 작용한다. 그런 학생들은 한순간에 낙오될 수 있기 때문이다.

중고등학교 시절에 호킹은 성적이 뛰어나지 않고 글씨도 못 쓴다고 생각해 늘 자신감이 부족한 아이였다. 하지만 학교 친구들은 그에게서 가능성을 보았는지 그에게 아인슈타인이라는 별명을 붙여주었다. 아마도 호킹이 늘 과학 문제를 이야기했기 때문이었을 텐데, 예를 들면 다음과 같았다. "정말 하느님의 도움이 있어야만 우주가 생길 수 있을까?" "멀리에 있는 항성계에서 보낸 빛은 왜 붉은 빛을 띨까, 광자가 지구로 올 때 너무 열심히 한 나머지 그런 건 아닐까?" 이를 통해 알 수 있듯이 그는 광범위한 분야에 대해 지식이 있었는데, 그렇지 않았다면 이런 내용을 이야기할 수 없었을 것이다.

호킹은 처음에는 중고등학교의 물리 내용이 간단하고 무미건조하다고 생각해서 물리학을 좋아하지 않았다. 화학에는 어느 정도 흥미를 느꼈는데, 화학에서는 폭발, 발화 등과 같은 생각지 못한 일들이 생기기 때문이었다. 나중에 그는 한 선생님의 영향을 받아 물리를 좋아하기 시작했고 옥스퍼드대학교 물리학과에 진학한다. 시험을 보기 전날 밤 저녁에 그는 잠을 이루지 못하면서 대학에 떨어질까 걱정했지만 결국 대학에 합격한다.

옥스퍼드대학교에서 케임브리지대학교로: 심각한 병의 습격

호킹은 대학교에 진학한 이후, 마침 옥스퍼드대학교도 교육 개혁이 진행 중이었다. 학교에서는 학생이 입학할 때 고등학교 과정에 대해 한 차례 시험을 보았고, 그 이후에 학부 3년 동안은 시험을 보지 않았다. 단지 마지막에 졸업을 앞두고, 3년 동안 배운 모든 과목에 대해 4일 동안 시험을 보았다. 호킹은 처음에는 시험을 보지 않았기 때문에 공부를 열심히 하지 않았고, 빈둥대며 시간을 허비했다고 했다. 나중에 계산해보니 그가 매일 공부한 평균 시간도 약 한 시간 남짓이었다. 하지만 그의 성적은 그래도 그럭저럭 괜찮은 편이었다. 한번은 전자기학 수업 교수가 학생들에게 집에 돌아가서 수업 교재의 어떤 장을 자습하고, 뒷면에 있는 13개의 문제를 풀어서 다음 수업 때 제출하라고 말했다. 수업이 끝난 다음 다른 학생들은 과제를 하느라 매우 바빴다. 문제가 매우 어려워서 어떤 학생은 10일이 넘게 매달려서 겨우 하나를 풀었고, 가장 많이 푼 사람은 두 개를 풀었다. 호킹은 계속 과제를 하지 않다가, 과제를 제출할 때가 되어서야 과제를 하지 않았다는 걸 떠올리고는 급하게 과제를 하기 시작했다. 학교 친구들이 와서 놀자고 초대해도 그는 가지 않았고, 친구들은 호킹이 이제야 과제를 떠올린 걸 보고는 고개를 절레절레 흔들었다. 그들은 모두 그를 놀릴 준비를 하고 있었다. 호킹의 친구들이 밖에서 놀다가 학교로 돌아오면서 마침 아래층에 식사를 하러 가려던 호킹과 마주쳤다. 친구들이 그에게 물었다. "너는 얼마나 풀었어?" 호킹이 말했다. "이 과제는 너무 어려워. 10개밖에 못 풀었어." 사람들은 호킹이 정말 대단하다고 생각했다.

호킹은 처음에는 입자물리학을 좋아했다. 하지만 나중에 입자물리학을 하는 사람들이 끊임없이 대칭성과 소립자의 분류에 대해서 연구하는 걸 알고는 이런 연구는 식물학과 별 차이가 없다고 생각해서 흥미를 느끼지 못했다. 그는 당시에 아직 양전닝의 게이지 이론에 대해 몰랐던 것으로 보이는데, 이 이론은 대칭성과 상호 작용하는 장을 연관시키려고 시도한 이론이다. 그는 그래도 천체물리에 대해서는 어느 정도 흥미를 느꼈는데, 천체물리학은 일반 상대성 이론이라는 매우 심오한 이론을 토대로 하고 있었다. 그래서 그는 천체물리학 쪽으로 관심을 돌리게 된다.

나중에 호킹은 천체물리학 분야의 대학원 시험을 보았다. 필기시험을 마치고 나서, 기숙사에 있던 네 사람 중 호킹을 포함한 세 사람은 시험을 망쳤고 실력을 발휘하지 못했다고 생각했다. 나머지 한 사람만 비교적 자신이 있었는데, 그는 자신이 시험을 잘 본 편이라고 생각했다. 시험 결과가 나왔는데, 시험을 잘 보았다고 생각한 그 사람을 제외하고, 나머지 세 사람이 모두 시험을 통과했다. 그다음 호킹은 구술시험에 응시했는데, 시험

관은 그에게 옥스퍼드대학교에 남을지 아니면 케임브리지대학교에 갈 것인지 질문했다. 호킹이 말했다. "여러분이 저에게 1등급을 주면 케임브리지대학교에 갈 겁니다. 여러분이 저에게 2등급을 주면 저는 옥스퍼드대학교에 남을 겁니다." 결국 사람들은 그에게 1등급 평가를 주어 그를 케임브리지대학교로 보낸다. 아마도 이 두 대학교는 통합으로 대학원생을 모집해서 교차 지원이 가능한 것으로 보인다.

호킹이 케임브리지대학교에 입학한 지 일 년도 채 되지 않아, 그는 근위축성측색경화증, 즉 우리가 흔히 루게릭병이라고 부르는 병에 걸리고 만다. 그는 신발 끈을 묶다가 자신의 손이 마음대로 움직이지 않는 걸 깨달았다. 나중에 그는 의사를 찾아간다. 영국은 의학 수준이 비교적 높았지만, 의사는 그를 보고는 이렇게 말했다. "젊은 사람이 어떻게 이런 병에 걸렸을까요! 치료할 방법이 없습니다. 몸에 좋은 걸 드세요." 호킹은 자신의 청춘이 시작하기도 전에 끝나 버렸다고 생각해 크게 낙담했다. 그래서 그는 온종일 기숙사에 누워 술을 마셨다. 다행히도 이때 여자 친구가 옆에서 그를 격려해주었다. 런던에 있는 한 대학교의 문과 학생이었던 그녀는 호킹에게 이렇게 말한다. "괜찮아. 그래도 난 너랑 만날 거야. 네가 병에 걸렸어도 너랑 결혼할 거고. 안심해." 호킹은 그 말에 격려를 받았고, 장래에 가족을 부양해야 한다는 생각이 들었다. 그래서 그는 노력하기 시작했고, 노력을 기울이면서 그는 자신이 공부를 좋아한다는 걸 깨달았다. 그는 점점 좋은 성적을 받게 되었다.

교수님, 계산이 틀렸습니다

대학원생은 지도 교수를 선택해야 하는데, 호킹은 원래 프레드 호일 밑에서 공부하고 싶어 했다. 호일은 매우 뛰어난 천체물리학자로 정상 우주론을 제시했다. 현재 여러분이 알고 있는 우주의 기원을 설명하는 빅뱅 우주론은 원래 원시불덩이 우주론(조지 가모프가 제안함)이라고 불렀다. 이 이론에 따르면 우주의 기원은 하나의 원시적인 불덩이에서 시작되었으며, 그 이후에 팽창하고 냉각된 것이다. 과학자들은 일반적으로 이 물리적인 구조를 기초로 우주에 대해 상세히 설명한다. 가모프가 원시불덩이 우주론을 제시하고 나서 호일은 이 우주론에 반대했다. 호일은 대폭발 같은 건 존재하지 않았으며 우주는 처음부터 우리가 아는 모습과 큰 차이가 없었다고 주장했다. 그에 따르면 우주는 계속해서 팽창했고, 팽창하는 과정에서 계속해서 새로운 물질이 진공 속에서 생성되었으며, 따라서 우주에 있는 물질의 밀도는 불변을 유지한다. 호일의 이 모형을 정상 우주론이라고 한다. 그는 가모프의 불덩이 모형을 비웃으면서, 이 불덩이가 마치 한 차례 대폭발과 같으니 차라리 대폭발(빅뱅) 우주론이라고 부르자고 말했다. 그 결과 나중에 빅뱅 우주론이라는 이 이름이 알려졌고 불덩이 우주론이라고 말하는 사람은 오히려 많지 않았다.

호킹은 호일의 대학원생이 되고 싶어했지만 호일은 그를 거절했다. 케임브리지대학교에는 마침 천체물리학을 연구하는 또 다른 교수인 데니스 시아마가 있었다. 호킹은 이전에 시아마에 들어 본 적이 없었고, 나중에 알아보니 시아마라는 이 교수는 대학원생들 사이에서 평판이 그다지 좋지 않았다. 그는 학생들에게 신경을 쓰지 않고 학생들에게 과제를 주지 않았기 때문이다.

호일에게 거절당했기에 호킹은 시아마의 대학원생이 되는 수밖에 없었다. 소문대로 시아마는 처음에 과제를 내주지 않았다. 호킹은 여전히 호일이 하는 연구에 흥미를 느꼈기에, 호일의 대학원생인 인도 사람 자이안트 날리카의 사무실에 들어가 뭘 연구하고 있느냐고 물었다. 날리카는 이렇게 말한다. "우리 교수님은 자신의 이론을 개선하고 있는 중이야. 교수님이 새로운 방법을 제시했는데, 나는 교수님을 도와 계산을 하고 있어." 호킹이 말했다. "내가 계산을 도와주면 어떨까?" 날리카는 잠시 생각해보더니, 계산을 도와주는 사람이 있으면 좋을 거라는 생각에 호킹의 제안에 동의했다. 날리카는 호킹의 논문을 걱정했으나 호킹은 괜찮다며 계속 도움을 주겠다고 말했다.

계산하는 과정에서 호킹은 개선된 정상 우주론에 큰 허점이 있다는 걸 발견했다. 호일의 새로운 이론에서 어떤 계수가 무한대였다. 계수는 반드시 유한한 값이어야 하는데, 0이어서도 안 되고 무한대여도 안 된다. 0이라면 어떤 숫자와 곱해도 0이 되고 무한대라면 어떤 숫자와 곱해도 무한대가 되기 때문이다. 결국 호킹은 이 이론에서 어떤 계수가 무한대이며 큰 문제가 있다는 걸 발견했다. 호킹은 날리카에게 이 사실을 이야기하지만, 날리카는 교수에게 이야기할 용기가 없었다.

얼마 후 호일은 런던에서 발표를 했다. 많은 이가 발표를 들으러 온 상황에서 호일은 자신의 이론에 문제가 있음을 깨닫지 못한 채 강단 위에서 자신의 우주 모형을 설명했다. 강연을 마친 다음 호일은 사람들에게 질문이 있는지 물었다. 호킹은 뒷줄에 앉아 있었다. 그는 당시에 이미 길을 건는 것도 어려울 만큼 병이 깊어진 상태였다. 그는 지팡이를 짚고 일어나서 발표 내용에 무한대인 계수가 있다고 말했다. 호일이 무한대가 아니라고 주장하면서 둘은 옥신각신했다. 이를 지켜본 청중이 웃음을 터뜨리기 시작했다. 호일은 유명한 교수였기에 웃음거리가 되는 건 견딜 수 없었다. 그가 호킹에게 그걸 어떻게 아냐고 묻자 호킹은 자신이 계산해 보았다고 대답했다. 또 한바탕 웃음소리가 들렸고 호일은 매우 화가 났다.

나중에 호킹을 통해 계산 과정을 더 자세히 들은 호일은 이 계수가 정말로 무한대이며 자신의 이론이 틀렸다는 걸 깨달았다. 호일은 몹시 화가나서 다른 사람에게 호킹이 도덕적이지 못한 사람이라고 말했다. 그의 이론에서 문제를 발견했으면서도 더 일찍 알려주지 않았다고 말이다. 호킹의 친구들은 호킹을 두둔하면서, 자신의 이론을 제대로 검증하지 않고 와서 발표를 한 호일 교수가 진짜로 도덕적이지 못한 사람이라고 말했다. 결국 호일은 날리카에게 자신의 모든 분노를 쏟아낸다.

하지만 호킹의 스승이었던 시아마는 오히려 이 사건으로 호일 교수의 실수를 지적할 수 있었던 호킹을 대단하게 생각한다. 호킹이 나중에 작성

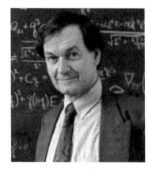

그림 13-1 펜로즈

한 박사 논문의 전반부는 호일의 이론에서 잘못된 부분에 대한 설명이었고, 논문의 후반부는 펜로즈(《그림 13-1》)과 관련이 있었다. 앞서 언급한 펜로즈는 수학을 전공한 사람으로, 시아마는 펜로즈를 불러 일반 상대성 이론을 연구하게 한다. 이렇게 호킹은 펜로즈와 친구가 된다. 호킹은 펜로즈가 제시한 특이점 정리가 매우 흥미롭다는 걸 깨닫고는 연구 작업에 참여한다.

반가운 펜로즈

특이점 정리란 무엇일까? 정지해 있는 블랙홀의 중심에는 특이점이 있는데, 이 특이점의 시공간의 곡률과 물질의 밀도는 무한대다. 팽창하는 우주의 빅뱅 모형에는 초기 특이점이 있고, 대규모로 중력 붕괴가 일어나는 우주에는 종결 특이점이 있다. 이 특이점들은 모두 시공간의 곡률과 물질의 밀도가 무한대인 점이다.

아인슈타인의 장 방정식의 모든 해에 특이점이 있을까? 소련 물리학자 에브게니 리프시츠(Evgeny Lifshitz)와 이사크 할라트니코프(Isaak Khalatnikov)는 이 문제를 연구했다. 그들 두 사람은 모두 뛰어난 물리학자이며 유명한 물리학자 란다우의 제자와 조수였다. 양전닝의 설명에 따르면, 20세기의 가장 위대한 물리학자는 아인슈타인, 디랙, 란다우다. 당시 란다우는 이미 세상을 떠났다. 리프시츠와 할라트니코프는 특이점이 일반 상대성 이론의 필연적인 결과가 아니라는 주장을 한다. 그렇다면 무엇 때문에 특이점이 생기는 걸까? 우리가 시공간의 대칭성이 아주 잘 이루어져 있다고 생각하기 때문이다. 시공간의 대칭성이 완벽하다고 여길 때만 특이점이 생긴다. 이 점에서 그들은 나름대로 근거가 있었다. 그들에 주장에 따르면 천체가 표준적인 구면 대칭을 유지하면서 붕괴해야만 모든 물질이 한 점으로 축소하게 된다. 균일하게 회전하는 축 대칭인 천체가 중력 붕괴를 일으키면, 이 천체는 반드시 엄밀한 회전축 대칭을 유지해야만 고리 특이점을 형성할 수 있다.

하지만 실제 천체의 중력 붕괴가 늘 그렇게 완벽한 구면 대칭이나 축대칭을 유지할 수는 없고, 천체를 이루는 물질들은 중력 붕괴가 일어날 때 반드시 위치가 틀어지게 되며, 이런 물질들에서는 특이점과 고리 특이점이 형성될 수 없다. 이렇게 보면, 특이점과 고리 특이점의 출현은 우리가 시공간의 대칭성을 지나치게 이상적으로 생각하기 때문에 생기는 것이다.

하지만 사람들이 시공간의 대칭성을 지나치게 완벽하게 생각하는 이유는 무엇일까? 이는 우리의 수학 능력과 연관이 있다. 아인슈타인의 장 방정식은 10개의 비선형 2차 편미분 방정식으로 이루어진 방정식이며, 일반 해가 존재하지 않고 풀기가 매우 어렵다. 따라서 수학자와 물리학자들은 해를 구할 때 가능한 한 시공간 모형을 간략하게 만들려고 했다. 그들은 이 모형이 대칭을 잘 이루고 있다고 가정했고, 대칭성이 좋을수록 해를 구하기가 쉬웠다. 이로 인해 특이점과 고리 특이점이 생겨난 것이다.

리프시츠와 할라트니코프가 특이점이 일반 상대성 이론의 필연적인 결과가 아니라고 주장했지만, 펜로즈의 생각은 달랐다. 그는 특이점은 일반 상대성 이론의 필연적 결과라고 생각했고, 특이점 정리 개념을 제시하고 증명했다. 그는 특이점을 시간의 시작점과 종료점으로 보았다. 블랙홀 중심의 특이점은 $r = 0$인 곳에 위치하지만, 블랙홀 내부에서는 시공간의 좌표가 서로 전환되어 r 은 시간이다. 따라서 블랙홀의 특이점은 시간의 종료점이며 화이트홀의 특이점은 시간의 시작점이다. 펜로즈가 특이점이 반드시 존재한다는 걸 증명한 건, 화이트홀과 블랙홀의 경우 시간의 진화 과정에 반드시 시작과 끝이 있다는 걸 증명한 것이다.

호킹은 펜로즈가 제시한 특이점 정리를 매우 흥미로운 주제로 생각했다. 시간에 시작과 끝이 있느냐는 화두는 예로부터 소수의 사람들만이 토론했던 문제였다. 이 문제를 토론한 사람들은 철학자와 신학자들이었으며, 물론 모두 매우 똑똑한 사람들이었다. 이제 물리학 분야의 사람인 펜로즈가 나타나서 시간에는 시작과 끝이 있다고 주장했는데, 이는 물론 일반적인 경우가 아니었다. 호킹은 펜로즈 정리에 큰 흥미를 느꼈다. 호킹은 우주 빅뱅 모형과 블랙홀, 화이트홀을 연관 지어 생각했고, 이 셋 사이에는 비슷한 점이 매우 많다고 느꼈다. 그는 우주가 팽창할 때 반드시 시간의 시작점이 하나 존재했다는 걸 증명할 수도 있지 않을까 하고 추측했다. 그리고 우주가 중력 붕괴를 일으킬 때 결국에는 반드시 시간의 종료점이 존재하지 않을까 하는 것이 그의 추측이었다. 그래서 그는 자신의 추측을 증명하기 위한 작업에 착수한다.

호킹은 그의 박사 논문의 두 번째 부분에서 우주 진화 과정의 특이점 정리를 증명한다. 그는 나중에 자신의 증명에 결함이 있다는 걸 발견하고는 다시 자신의 이론을 수정한다. 따라서 특이점 정리는 펜로즈와 호킹 두 사람이 증명한 것이다. 이때부터 호킹은 주로 블랙홀 연구에 집중하기 시작한다.

〈그림 13-2〉의 사진은 호킹이 옥스퍼드대학교 시절 동급생들과 함께 찍

그림 13-2 대학 시절의 호킹

그림 13-3 호킹의 결혼

은 것이다. 앞줄 가운데 앉아 있는 사람이 호킹이다. 〈그림 13-3〉은 호킹이 결혼할 때의 사진으로, 이때 그는 이미 지팡이를 짚고 다녔다.

호킹의 부인은 세 명의 아들을 낳았으며, 나중에 그들은 이혼한다. 그 이후에 호킹은 자신의 간호사와 결혼한다.

호킹이 위대한 업적을 세운 다음 시아마는 매우 기뻐하면서 자신의 물리학과 천문학에 두 가지 공헌을 했다고 말했다. 첫 번째는 호킹이라는 학생을 길러내었고, 두 번째는 펜로즈를 불러 일반 상대성 이론을 연구하게한 것이다.

필자도 처음에는 시아마가 학생을 지도하는 방식을 이해할 수 없었다. 시아마는 마치 학생들에게 신경을 쓰지 않는 것 같았고 정말 좀 무책임해 보였기에, 지도 교수가 어떻게 이럴 수 있을까 하고 생각했다. 하지만 나중에 알고 보니, 당시 세계에서 가장 뛰어난 일반 상대성 이론 연구자 중에서 호킹과 거의 동년배였던 사람은 8, 9명이었다. 그 중에서 네 명(호킹을 포함해서)이 시아마의 학생이었고, 이를 통해 그의 지도 방식이 옳았다는 걸알 수 있다. 필자는 나중에야 박사 과정을 지도하는 것과 석사 과정을 지도하는 것이 다르다는 걸 깨달았다. 박사 과정을 지도하는 교수는 학생들에게 연구 주제를 찾아줘야 하고, 하나하나 알려주기도 해야 한다. 이와 달리 석사 과정 지도 교수는 학생이 스스로 연구할 수 있게 해야 하고, 많아 봤자 학생들에게 연구 주제를 주는 일을 할 뿐이다. 필자는 필자의 학교에 있던 황주챠(黃祖洽) 원사(院士, 중국 과학계의 최고 권위자들에게 부여되는 칭호-옮긴이)가 자신이 지도한 대학원생들이 뛰어난 이유는 학생들이 저마다 훌륭해서라고 말한 걸 기억한다. 필자는 당시에 황주챠 원사가 겸손해서 그렇게 말하는 거라고 생각했다. 나중에 필자는 그가 단순히 겸손해서 그렇게 말한 것은 아니며, 정말로 이 부면과 관련이 있다는 걸 깨달았다.

제 14 과

호킹의 업적

특이점 정리부터 면적 정리까지

이제 호킹의 몇 가지 중요한 업적에 대해 알아보자. 첫 번째로 중요한 그의 업적은 펜로즈와 함께 증명한 특이점 정리다. 그들은 하나의 합리적인(인과성이 성립한다. 적어도 약간의 물질이 존재한다. 에너지는 음의 에너지가 아니다. 일반 상대성 이론이 성립한다) 물리적 시공간에서, 적어도 하나의 물리적 과정이 존재하면, 이 물질의 시간에는 시작 또는 끝이 있으며, 또는 시작도 있고 끝도 있다는 걸 증명해냈다. 이것이 특이점 정리에서 가장 중요한 내용이다.

특이점 정리에 대한 더 엄격한 증명은 1970년 즈음에 호킹과 펜로즈가 공동으로 제시한다. 하지만 필자는 이 정리에 가장 큰 공헌을 한 사람은 펜로즈라고 생각하는데, 펜로즈가 먼저 이 정리에 관한 아이디어를 냈고, 그 이후에 펜로즈와 호킹 두 사람이 각각 증명을 진행했기 때문이다.

호킹의 두 번째 중요한 업적은 블랙홀의 면적 정리다. 면적 정리는 어떻게 제시되었으며, 또 무슨 내용일까? 호킹은 나중에 혼자서는 생활하기가 어려울 정도로 병이 심해진다. 한 번은 그가 막 옷을 벗고 잠자리에 들 준비를 하던 중에, 블랙홀의 표면적이 시간의 흐름을 따라 증가하기만 하고 감소할 수는 없다는 걸 증명할 수 있는 방법이 갑자기 떠올랐다. 그는 재빨리 그 생각을 기록했고, 다음날 증명 과정을 적기 시작했다. 이렇게 그는 블랙홀의 면적 정리를 도출해낸다. 우리는 나중에 이 정리가 블랙홀의 표면적은 마치 열역학의 엔트로피와 같다는 걸 보여준다는 점을 살펴볼 것이다. 이로 인해 사람들은 블랙홀의 온도에 대해 추측과 증명을 하기 시작했고, 결국 호킹은 블랙홀에 확실히 온도가 존재하며 열복사, 즉 호킹 복사가 존재한다는 걸 증명한다. 이것이 호킹의 가장 큰 업적이다.

면적 정리에서 다음과 같은 추론을 얻어낼 수 있다. 하나의 큰 블랙홀은 두 개의 작은 블랙홀로 분열될 수 없다. 이 두 개의 작은 블랙홀의 표면적의 합은 큰 블랙홀의 표면적보다 작다는 걸 증명할 수 있으며, 이는 면적 정리를 만족하지 못하기 때문이다. 2016년에 중력파 GW150914를 발견했다는 보고에 따르면, 이 중력파는 두 개의 비교적 작은 블랙홀이 하나의 큰 블랙홀로 합쳐지면서 생성된 중력파이며, 큰 블랙홀의 총질량은 두 개의 작은 블랙홀의 질량의 합보다 작지만, 큰 블랙홀의 표면적은 두 개의 작은 블랙홀의 표면적의 합보다 크다. 따라서 이 블랙홀의 병합은 면적 정리를 만족하고, 병합된 이후의 총질량은 감소하며 감소한 질량이 중력파로 변한다, 앞에 나온 〈그림 7-1〉이 이에 대한 설명이다.

베켄슈타인의 과감한 진전, 블랙홀은 온도가 있다

미국의 휠러 교수에게는 제이콥 베켄슈타인이라는 젊은 대학원생이 있었는데, 그는 호킹의 면적 정리를 듣고 나서 다음과 같은 질문들을 생각했다. '블랙홀의 표면적이 증가할 수만 있고 감소할 수는 없는 이유는 무엇인가? 물리학에는 또 다른 비슷한 개념이 없을까?' 그는 열역학에서의 엔트로피도 증가하기만 하고 감소할 수 없다는 점에 착안했고, 블랙홀의 면적 정리는 블랙홀 상태에서 열역학 제2법칙이 적용된 것일 가능성이 있다고 추측했다.

베켄슈타인은 휠러에게 자신의 생각을 이야기하고 휠러는 그의 견해를 지지한다. 그래서 그는 블랙홀의 표면적을 엔트로피라고 가정하고 블랙홀의 몇 가지 매개변수를 사용해 열역학 제1법칙과 같은 형태의 식을 만들어 내려고 시도한다. (식 14-1)이 일반적인 열역학 제 1법칙의 공식이며, 공식에서 U, T, S, p, V는 각각 계의 내부 에너지, 온도, 엔트로피, 압력과 면적이고, TdS는 시스템이 흡수한 열량, pdV는 시스템이 외부에 대해 한 일의 양이다. 베켄슈타인이 블랙홀의 몇 가지 매개변수를 사용해 도출한 공식은 (식 14-2)인데, 그중 κ는 블랙홀의 표면중력이고, A는 블랙홀의 표면적이다. 뒷부분의 두 개 항은 각각 블랙홀의 회전각운동량 J와 전하 Q의 변화로 인해 생긴 블랙홀의 에너지 변화를 나타낸다. Ω, V는 각각 블랙홀의 회전각속도와 양끝의 정전기 퍼텐셜이고, M은 블랙홀의 총질량이다. 자연 단위계(입자물리학에서 보편적으로 사용되는 특수한 단위계로 보편적인 물리 상수들을 1로 정의한다-옮긴이)를 사용하면 빛의 속도 $c = 1$이고, 따라서 M은 블랙홀의 총에너지가 된다. 베켄슈타인은 이 공식을 도출한 다음 이를 열역학 제1법칙과 비교했는데, κ는 온도와 비슷하고 A는 엔트로피와 비슷다는 걸 발견했다.

$$dU = TdS - pdV \qquad \text{(식 14-1)}$$

$$dM = \frac{\kappa}{8\pi} dA + \Omega dJ + VdQ \qquad \text{(식 14-2)}$$

베켄슈타인은 이 열역학 제1법칙과 비슷한 공식을 제시했을 뿐 아니라, 다른 세 가지 열역학 법칙을 응용하여 블랙홀의 열역학 법칙을 제시했다. 그가 제시한 호킹의 면적 정리(〈식 14-3〉)는 열역학 제2법칙(〈식 14-2〉)과 비슷한데, 블랙홀의 표면적은 엔트로피처럼 증가할 수만 있고 감소할 수는 없다.

$$dA \geq 0 \qquad \text{(식 14-3)}$$

$$dS \geq 0 \qquad \text{(식 14-4)}$$

그가 제시한 열역학 제3법칙과 유사한 결론은 다음과 같다. "유한한 단계를 거쳐 블랙홀의 표면중력을 0으로 만드는 건 불가능하다"는 것이다. 일반적인 열역학 제3법칙은 "유한한 단계를 거쳐 온도를 절대영도로 만드는 건 불가능하다"로 표현된다.

열역학에는 제0법칙도 있다. 열역학 제0법칙은 열평형의 전도성을 가리키는 말인데, 즉 어떤 계든 가만히 놔두면 시간 변화를 따르지 않는 평형 상태에 반드시 도달하게 되고, 이 평형 상태는 반드시 하나의 상수, 즉 온도로 표현할 수 있다는 것이다. 베켄슈타인은 마찬가지로 블랙홀 열역학의 제0법칙을 다음과 같이 정의한다. "시간 변화에 따르지 않는 블랙홀의 경우 블랙홀의 표면 중력은 반드시 모든 곳에서 동일하다."

180도의 태도 변화: 호킹 복사의 발견

이렇게, 베켄슈타인은 블랙홀 열역학의 네 가지 법칙을 제시한다. 하지만 호킹은 그의 블랙홀 면적 정리에 대한 베켄슈타인의 해석을 받아들이지 못한다. 그는 '블랙홀의 표면적이 어떻게 엔트로피가 된단 말인가?' 하고 생각했다. 면적 정리는 단순히 미분기하학과 일반 상대성 이론을 이용해 증명한 것으로, 통계 물리의 가설에는 적용되지 않고 열반응과도 관련이 없었다. 그래서 그는 면적 정리에는 엔트로피가 있을 수 없다고 생각했다. 호킹은 다른 두 명의 물리학자인 브랜든 카터, 제임스 맥스웰 바딘과 함께 베켄슈타인의 주장을 반박하는 논문을 발표하지만, 베켄슈타인의 공식을 반박하지는 않았다. 호킹은 베텐슈타인의 공식이 모두 맞긴 하지만, 그 공식에서 블랙홀의 면적은 엔트로피와 비슷할 뿐 실제 엔트로피가 아니며, 표면 중력은 온도와 비슷할 뿐이지 실제 온도가 아니라고 말했다. 호킹은 이 네 가지 법칙은 열역학 법칙이 아니라 역학 법칙으로 열과는 무관하다고 주장했다.

　필자는 이 논문을 자세히 본 적이 있다. 이 논문은 당시에 독일의 학술지 〈수리 물리 통신(communications in Mathematical Physics)〉에 실렸고 그들이 외부에서 하계 세미나에 참가했을 때 집필한 것이다. 세미나가 끝난 다음 호킹은 케임브리지대학교로 돌아갔는데, '만일 베켄슈타인이 맞다면 어떻게 하지?' 하는 생각이 머릿속을 떠나지 않았다. 호킹이 원래 베켄슈타인의 견해에 반대한 이유는 블랙홀이 물체를 흡수하기만 한다고 생각했기 때문인데, 블랙홀에 온도가 있다면 블랙홀에 열복사 현상이 있게 된다 (열복사 현상으로 인해 블랙홀 외부로 입자를 방출하게 된다-옮긴이). 그래서 그는 블랙홀에 온도가 있는 건 불가능하다고 생각했다. 하지만 이제는 '만일 블랙홀에 정말로 온도가 있다면, 정말로 열복사가 있지는 않을까? 내가 그 문제를 증명할 수는 없을까?' 하는 생각이 들었다. 그래서 그는 연구를 통해 블랙홀에는 정말로 열복사가 존재하고 온도가 존재한다는 걸 증명했다. 이때 그는 블랙홀의 온도는 실제 온도이며, 블랙홀의 표면적은 실제 엔트로피라고 주장했다. 호킹의 견해가 180도 달라진 것이다. 그는 블랙홀에 열복사가 있을 가능성을 어떻게 설명했을까? 이에 대해 소개하겠다.

현대 과학에서는 진공이 텅 비어 있는 상태가 아니며, 그 안에서는 양전자-전자쌍과 같은 가상 입자쌍이 끊임없이 생성된다. 이 가상 입자쌍에서 하나는 전자고 다른 하나는 양전자다. 전자가 양의 에너지 상태라면 양전자는 음의 에너지 상태. 전자가 음의 에너지 상태라면 양전자는 양의 에너지 상태. 총에너지의 양은 0으로 에너지 보존 법칙에 위배되지 않는다. 이 입자쌍은 생성된 이후에 빠르게 소멸되는데 이러한 효과를 '양자 요동'이라고 한다. 가상 입자쌍은 매우 짧은 시간 동안 존재하기 때문에, 가상 입자쌍을 관찰하려고 하면 매우 강력한 간섭 에너지가 생성되어 가상 입자쌍을 소멸시켜 버린다. 따라서 양의 에너지와 음의 에너지를 가진 가상 입자쌍을 직접 관찰하는 건 불가능하다. 하지만 양자 요동의 간접적인 효과는 관찰이 가능하므로 사람들은 양자 요동이라는 개념을 받

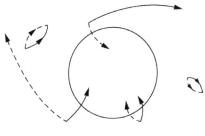

그림 14-1 호킹 복사의 발생

아들였다.

    호킹은 이 효과를 〈그림 14-1〉처럼 블랙홀 근처에 적용했다. 호킹은 블랙홀 표면 부근의 양자 요동에는 몇 가지 종류의 서로 다른 상태가 있을 수 있다고 주장했다. 가상 입자쌍이 생성된 이후에 빠르게 소멸되거나, 또는 〈그림 14-1〉의 블랙홀의 우측 하단에 있는 것처럼 두 개의 입자가 모두 블랙홀로 들어가는 경우는 아무런 반응이 일어나지 않는다. 하지만 양의 에너지를 가진 입자가 밖으로 날아가고, 음의 에너지를 가진 입자가 블랙홀 안으로 들어가서 블랙홀의 중심을 향해 낙하하면, 블랙홀의 에너지는 감소하게 된다.

    어떤 사람은 "양의 에너지의 입자가 블랙홀로 들어가고, 음의 에너지 입자가 밖으로 날아가는 건 불가능한가?" 하고 말할지 모른다. 그건 불가능하다. 블랙홀 외부에는 양의 에너지 입자만 존재할 수 있고, 음의 에너지를 가진 입자는 블랙홀의 내부에만 존재할 수 있다. 이 두 개의 시공간 영역은 서로 성질이 다르고, 양의 에너지 입자가 블랙홀로 들어가면 음의 에너지 입자는 반드시 양의 에너지 입자를 따라 들어가게 된다. 따라서 다음과 같은 비대칭적인 상태, 즉 음의 에너지 입자가 블랙홀로 들어가고 양의 에너지 입자가 멀리 날아갈 때만 새로운 반응이 나타날 수 있다. 이때 멀리 있는 관측자는 블랙홀이 있는 곳에서 전자(또는 양전자) 한 개가 방출된 것으로 보게 되고, 블랙홀 자체는 전자(또는 양전자) 한 개만큼의 전하와 에너지가 감소한다. 이렇게 호킹 복사 이론이 만들어졌고, 이것이 이 이론의 물리적인 설명이다. 이는 그야말로 위대한 성공이었다. 호킹의 이 성과는 먼저 속보의 형식으로 영국의 〈네이처〉에 발표되고, 정식 학술 논문은 독일 학술지 〈수리 물리 통신(communications in Mathematical Physics)〉에 게재된다.

블랙홀에 열복사가 있다는 건 호킹의 세 번째 중요한 발견, 그의 일생에서 가장 중대한 발견이며, 블랙홀의 열복사를 일반적으로 호킹 복사라고 부른다.

블랙홀의 음의 비열

블랙홀의 온도는 질량과 반비례하기 때문에, 블랙홀의 비열은 음수가 된다. 따라서 블랙홀은 외부와 안정적인 열평형 상태에 도달할 수 없다.

우리는 외부에 놓아둔 뜨거운 물은 외부의 온도와 열평형 상태에 도달할 수 있다는 걸 안다. 물의 비열은 양수이기 때문이다. 열에너지가 외부로 방출될 때 뜨거운 물의 온도는 내려가고, 결국 물의 온도는 외부 공기의 온도와 동일해져서 안정된 평형을 이룬다. 물이 차갑고 외부의 온도가 높은 경우, 열에너지는 외부에서 물로 흡수되어 물의 온도는 상승하고, 점점 외부 온도와 동일한 온도까지 올라가서 결국에는 안정된 열평형 상태에 도달한다.

하지만 블랙홀의 경우는 다르다. 처음에 블랙홀과 외부가 열평형 상태에 있다고 하면, 블랙홀과 외부의 온도는 동일하다. 블랙홀에 열요동이 발생한 다음 온도는 외부에 비해 약간 상승한다. 블랙홀의 비열은 음수이기 때문에, 블랙홀이 열에너지를 방출한 다음 블랙홀의 온도는 내려가는 것이 아니라 올라간다. 이에 따라 블랙홀과 외부의 온도와의 차이는 점점 커지고, 열복사도 점점 격렬해지며, 결국 작은 블랙홀은 폭발하여 사라지게 된다. 마찬가지로 원래 외부와 열평형 상태에 있는 블랙홀에 열요동이 발생하여 온도가 내려가면, 온도가 내려간 이후에 외부의 열에너지가 블랙홀 안으로 흘러 들어간다. 이 효과는 블랙홀의 온도를 상승시키는 게 아니라, 음의 비열로 인해 온도가 내려가게 만든다. 따라서 외부의 열에너지는 더욱 끊임없이 블랙홀 안으로 흘러 들어가고 블랙홀은 갈수록 커진다. 이러한 열평형은 불안정하며 작은 자극만 받아도 바로 깨져 버린다. 블랙홀의 이 특징에 유의할 필요가 있다.

〈그림 14-2〉는 연성계의 상상도인데, 연성계란 두 개의 항성이 있는 계를 가리킨다. 우주에서 태양처럼 하나의 항성만 있는 계는 드물고, 대부분의 항성계에는 모두 두 개 이상의 항성이 있다. 두 개의 항성이 있는 경우를 연성, 많은 항성이 있는 경우를 다중성이라고 한다. 〈그림 14-2〉에서 하얀색의 구는 태양과 같은 기체 상태 항성이다. 좌측에 있는 원반의 중심에 있는 검은색 부분은 또 다른 항성이 형성한 블랙홀이다. 연성계에서 하나의 항성이 블랙홀을 형성하면, 이 블랙홀은 아직 블랙홀을 형성하지 않은 항성의 기체를 끌어당기고, 이 기체는 항성을 둘러싸고 회전한다. 기체는 끊임없이 회전하면서 블랙홀 안으로 들어가서 강착원반을 형성한다. 따라

그림 14-2 블랙홀의 흡수와 방출

서 블랙홀의 질량은 계속해서 증가하면서 커지고 있다. 그리고 강착원반과 수직인 방향에는 물질이 포함된 제트 분출이 있다. 이 제트 분출 현상은 우주 공간에 대량으로 존재하는 것이 관측되었다. 문제는 강착원반 중심의 천체가 반드시 블랙홀은 아니라는 것인데, 다른 천체에도 제트 분출이 있을 가능성이 있다.

빌 언루 교수의 갑작스러운 깨달음

호킹이 예언한 블랙홀의 열복사 이외에도 비슷한 상황이 또 하나 있는데, 이 상황을 언루 효과라고 부른다. 빌 언루는 우리가 앞서 언급했던 캐나다의 물리학자다.

이제 평평한 시공간의 진공 상태에 대해 살펴보자. 몇 명의 관측자가 각각 자신의 관성계에서 정지해 있고 이 관성계는 서로 상대적인 운동을 한다고 가정하자. 만약 그중 한 관성계에 있는 관측자가 주변이 진공이며 아무런 복사나 물질이 없다고 느끼면, 다른 관성계에 있는 관측자도 동일하게 느낄 것이다. 모든 관성계에 있는 관측자는 자신이 있는 환경이 진공이라고 느낄 것이며 다른 상황이 발생하지는 않을 것이다. 하지만 언루는 또 다른 상황에 대해 연구했다. 만약 비관성계에 있는 관측자가 있으면, 이 관측자는 등속 직선 운동이 아닌 등가속 직선 운동을 한다. 언루는 이 좌표계에 대해 연구를 진행하고 나서 등가속 직선 운동을 하는 관측자는 주변 환경이 진공이 아니며, 열복사가 존재한다고 여기게 된다는 걸 발견했다. 열복사의 온도는 관측자의 가속도와 비례하는데 이 효과를 언루 효과라고 부른다.

언루는 호킹이 블랙홀의 열복사를 발견한 것보다 1년 정도 빨리 이 효과를 발견했다. 호킹이 블랙홀에 열복사가 있다는 걸 증명한 다음, 언루는 블랙홀의 열복사 효과는 그가 발견한 효과와 본질적으로 동일하다는 걸 깨달았다. 그는 다음과 같은 사실을 증명한다. 평평한 시공간에서 정지 상태에 있는 관측자와 등속 직선 운동을 하는 관측자는 진공 상태라고 생각할 때, 등가속 직선 운동을 하는 관측자의 관점에서는 진공 상태로 느껴지지 않는다. 이 관측자의 관점에서는 열복사가 가득한 것으로 보이며 그 온도는 그의 가속도와 정비례한다. 가속 운동을 하는 관측자의 뒤쪽에는 기하학적 곡면인 지평면이 생성된다. 이 곡면은 블랙홀의 표면과 비슷하다. 따라서 현재는 블랙홀 열복사의 호킹 효과와 언루가 발견한 효과를 합쳐서 호킹-언루 효과라고 부르면서 언루의 업적을 인정하고 있다.

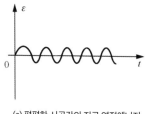

(a) 평평한 시공간의 진공 영점에너지

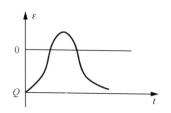

(b) 가속 운동하는 관측자의 시공간에서의 진공 에너지 영점은 Q점까지 낮아지며, 평평한 시공간에서의 진공 영점에너지는 열에너지 형태로 나타난다

그림 14-3 언루 효과

관성계에 있는 관측자는 진공으로 느끼는데, 등가속 직선 운동을 하는 관측자는 진공에서 온도와 열복사를 관측하게 되는 이유는 무엇일까? 주된 이유는 두 사람이 사용하는 시간의 좌표가 다르기 때문이다. 이로 인해 두 관측자의 진공 에너지가 영점인 곳이 달라지고, 이 두 관측자가 생각하는 진공 상태도 달라진다. 과학자들은 이미 평평한 시공간에는 영점에너지가 존재한다는 걸 입증했다. 영점에너지란 진공의 에너지가 요동하는 것으로, 진공 속에서 끊임없이 생성되었다가 소멸되는 가상 입자의 에너지이며, 〈그림 14-3(a)〉와 같이 나타난다. 관성계 안의 관측자가 느끼는 진공에는 영점에너지가 존재한다. 하지만 등가속 직선 운동을 하는 관측자가 느끼는 진공에서 에너지 영점은 낮아지고, 원래 관성계 관측자가 느꼈던 영점에너지는 가속계에서 열복사의 형태로 나타난다. 이를 언루 효과라고 하는데, 〈그림 14-3(b)〉가 그 설명이다.

호킹의 업적 및 그에 따른 도전

호킹은 블랙홀에 열복사가 있다는 걸 증명했다. 하지만 블랙홀에 온도가 있다는 건 베켄슈타인이 먼저 추측해낸 것이고, 그는 어느 정도 논증을 제시했다. 하지만 블랙홀에 열복사가 있다는 건 호킹이 제시하고 증명했으며, 이 증명은 블랙홀에 온도가 있다는 걸 확증했으며, 호킹의 기여도가 크다고 할 수 있다. 언루 역시 이 발견에 기여했다.

하지만 이러한 복사가 존재한다면 정보 보존이라는 관점이 깨지게 된다. 이유가 무엇일까? 블랙홀을 구성하는 물질은 모두 원래 일정한 구조를 가진 천체로 일정한 정보를 가지고 있었다. 기존에 사람들은 물질이 블랙홀로 들어간 다음 블랙홀 외부에 있는 관측자는 이 물질에 대한 정보를 잃어버리게 되지만, 실제로 이 정보는 블랙홀 내부에 숨겨져 있으며, 우리가 볼 수 없다고 해서 그 정보가 우주에서 사라지는 것은 아니라고 생각했다. 이제 이 블랙홀이 거의 아무런 정보도 없는 열복사를 일으키고, 블랙홀의 비열은 음의 값이다. 따라서 블랙홀이 열복사를 일으킬수록 블랙홀의 온도는 더 높아지고, 결국 블랙홀 전체가 열복사로 변해 버린다. 즉 원래 블랙홀로 들어간 물질이 가지고 있던 정보는 모두 소실되어 우주에서 사라지게 된다. 정보가 더 이상 보존되지 않는 건 큰 문제다. 제15과에서 우리는 이 문제에 대해 더 자세히 알아볼 것이다.

필자가 생각하기에 블랙홀에 온도가 있다는 발견이 더 위대한 이유는, 이 발견이 단순히 블랙홀에만 국한되지 않기 때문이다. 블랙홀은 완전히 미분 기하학과 일반 상대성 이론으로 얻은 개념으로, 본질적으로 역학적인 문제다. 시공간의 왜곡은 본질적으로 만유인력이며 열이라는 개념과는 관련이 없다. 그런데 열과는 관련이 없는 물체에서 갑자기 열반응이 나타난 것이다. 순수히 기하학적 개념인 블랙홀에 뜻밖에도 온도와 엔트로피가 존재한다. 이 사실은 우리에게 열과 중력 사이에는 우리가 이전에 알지 못했던, 더 연구해볼 만한 가치가 있는 중요한 연관성이 있다는 걸 암시하는 건 아닐까? 필자는 블랙홀에 온도와 열복사가 있다는 발견의 가장 큰 의미는 이 부분에 있다고 생각한다.

호킹은 우주학에도 공헌했다. 그는 호일의 정상 우주론에 대해 의문을 제기했다. 현재 사람들이 호일의 정상 우주론을 별로 언급하지 않는 이유는 무엇일까? 단지 호킹이 호일의 이론에서 오류를 지적했기 때문만은 아니다. 가장 중요한 것은 나중에 발견한 3K 배경 복사(우주의 모든 방향에서 온도 약 3K인 파장으로 방출되는 마이크로파-옮긴이)다. 이 마이크로파 배경 복사는 불덩이 우주론에서 예측했던 대폭발의 잔여물이며, 정상 상태 우주론은 이 물질을 설명할 수 없다. 호킹이 정상 우주론에 대해 의문을 제기한 다음 1~2년 후에 미국 과학자는 마침 빅뱅의 잔여 에너지, 즉 3K 배경 복사를 관측한다. 그래서 그 이후로 사람들은 정상 우주론에 대해서는 별로 언급하지 않는다. 하지만 어떤 사람은 우주의 진화 과정 초기, 즉 우주가 대폭발 과정에서 막 생성된 단계는 정상 우주론으로 설명할 수 있으며, 단지 현재의 우주를 정상 우주론으로 설명할 수 없을 뿐이라고 말하기도 한다.

이 밖에도 타임 터널, 타임 머신 등과 같은 이론이 등장한 다음, 호킹은 이런 이론들에 대해서도 연구를 진행했다. 어떤 사람이 과거로 돌아갈 수 있는가와 같은 문제에 관해서 호킹은 시간 순서 보호 가설이라는 개념을 제시했다. 그는 어떤 사람이 자신의 과거로 돌아가거나 자신의 과거에 영향을 주는 일을 방지하는 어떤 물리적인 효과가 반드시 존재할 거라고 생각했다.

만리장성에 가보지 않았다면 사나이가 아니다

호킹의 세 차례 중국 여행에 관해 간단히 소개한다. 호킹이 처음으로 중국을 방문한 건 1985년으로, 필자는 가까이서 호킹을 보았다. 그 해에 중국과학기술대학(中国科学技术大学, 중과대〈中科大〉라고 줄여 부른다) 천체물리센터에서는 학술 교류 차원에서 호킹을 초청했다. 호킹은 중국 방문을 원했으나 당시 영국 측에서는 호킹을 보내는 걸 주저하고 있었다. 중국의 의료와 위생 수준이 별로 좋지 않다고 생각한 데다, 중과대가 수도인 베이징도 아닌 허페이(合肥)에 자리했기 때문이다. 그들은 국가의 보물로 여겨지는 호킹이 중국에서 사고를 당할까 봐 걱정한 나머지 초청을 긍정적으로 고려하지 않았다. 결국 중과대를 비롯해 영국왕립학회의 회원이었던 쳰린자오(钱临照) 원사가 영국에서 많은 노력을 기울인 끝에, 영국 측에서 호킹의 방문에 동의했다. 호킹은 중국에 도착한 다음 먼저 중과대를 방문했고, 동시에 베이징을 방문하고 만리장성에도 올라가 보고 싶다고 이야기했다. 중과대 관계자들은 필자의 학교에 있는 리우랴오 선생님에게 연락했고, 우리는 호킹이 베이징사범대학교(北京师范大学, 북사대〈北师大〉라고 줄여 부른다)에 오는 걸 환영했다. 이렇게 호킹은 베이징을 방문하게 된다. 우리 학생들이 만리장성에 데리고 간 덕분에 호킹은 꿈꾸던 만리장성 방문에도 성공한다. 호킹은 베이징사범대학교의 500석 규모인 강의실에서 강연을 했다. 당시 호킹은 아직 목구멍에 발성 장치를 설치하지 않았기에, 그가 강연할 때 하는 말을 알아들을 수 있는 사람은 거의 없었다. 단지 그의 조수, 의사와 부인만이 알아들을 수 있었다. 그의 조수는 그가 하는 말을 일반적인 영어로 바꿨고, 다시 두 명의 교수가 그 말을 중국어로 번역해서 학생들에게 들려주었다. 그 당시 호킹의 의사는 호킹이 오래 살지 못할 거라면서 기껏해야 2,3년 정도라고 말했다. 하지만 의사의 예측은 완전히 틀렸다. 호킹은 70여 세가 될 때까지 30여 년을 더 살고, 2018년이 되어서야 세상을 떠난다.

2002년에 호킹은 두 번째로 중국을 방문했고, 2006년에는 세 번째로 중국을 방문한다. 이 두 번의 방문에서 물리학회는 필자의 학교를 찾지 않았는데, 이 두 차례의 방문은 중국과학기술협회(中国科学技术协会)가 초청한 것으로 알려져 있다. 언론계에서는 이에 대해 열띤 선전을 했지만, 사실 이 두 번의 방문에서는 기본적으로 학술 교류가 있지는 않았다. 단지 호킹을 초청해서 과학 교양 강연을 하게 한 것뿐이다.

호킹이 세 번째로 중국을 방문했을 때, 재미있는 사건이 하나 있었다. 필자의 학교 학생들이 호킹의 강연 표를 좀 구할 수 없을지 문의했다. 필자는 당시에 마침 중국물리학회(中国物理学会)의 중력과 상대성 이론 천체 물리 분회의 이사장이었다. 필자는 물리학회에 전화를 걸어 많은 학생이 표를 구해서 인민대회당에 열리는 호킹의 강연을 듣고 싶어 한다고 말했다. 상대방은 필자에게 표가 몇 장이나 필요한지 물었고 필자는 10장이 필요하다고 말했다. 상대방은 가능하다고, 문제없다고 대답했다. 필자는 시원시원한 대답을 듣고는 바로 20장은 어떤지 물었고 상대방은 20장도 가능하다고 말했다. 필자는 너무 적은 숫자를 말한 건 아닌가 하는 생각이 들어 표를 조금 더 받았으면 했다. 그래서 필자는 돌아가서 학생회, 공산주의 청년단에게 얼마나 많은 사람이 가고 싶어 하는지를 물었고, 600장이 필요하다는 답을 얻었다. 놀랍게도 물리학회는 이 터무니없는 요구도 승낙했다. 다만 반드시 사람들이 모두 참석할 것이라는 걸 보증해야 하며, 표를 낭비해서는 안 된다고 말했다. 학교에서 바로 보증서를 보냈고 필자는 표를 받아왔다. 그때 우리 학교에서 많은 학생이 갔는데, 필자는 이 강연이 그 학생들의 인생에 영향을 끼칠 거라고 생각했다. 그들은 인민대회당에서 호킹을 직접 보았다는 걸 분명 기억할 것이다.

〈그림 14-4〉는 호킹이 만리장성을 방문했을 때의 사진이다. 호킹 뒤편에 있는 젊은 사람은 주종홍(朱宗宏)인데, 그는 당시에 이미 우리 전공의 대학원생으로 합격했고 본과 졸업을 앞두고 있었다. 그는 나중에 베이징사범대학교의 천문학과 주임교수가 된다. 옆에서 우리를 등지고 있는 사람은 량찬빈(梁灿彬) 교수다. 그때 필자는 만리장성에 가지는 않았지만, 호킹과 함께 사진을 찍었다. 〈그림 14-5〉는 칭화대학교(清华大学)에서 과학사를 연구하는 리우빙(刘兵) 교수가 보관한 것으로, 우리 두 사람은 호킹의 뒤에 서서 이 사진을 찍었다.

그림 14-4 만리장성에서의 호킹

그림 14-5 호킹, 저자(뒷줄 좌측), 리우빙(刘兵)

제 15 과

블랙홀과
정보 보존 논쟁

호킹의 내기: 블랙홀의 정보는 보존되는가

이제 블랙홀의 정보 역설과 관련된 문제를 살펴보자. 블랙홀 외부에 있는
사람이 블랙홀을 관측하면 세 가지 정보만을 얻을 수 있다. 다시 말해 블
랙홀에는 '세 가닥의 털(정보)'만 있는데 블랙홀의 총질량, 총전하, 총각운
동량이다. 블랙홀 안으로 떨어진 물질의 다른 정보는 우리가 알 수 없다.
이러한 관점에서 보면 블랙홀 외부의 정보는 보존되지 않는다. 물질이 블
랙홀 안으로 떨어진 다음 우리는 총질량, 총전하, 총각운동량을 제외한 물
질의 정보를 알 수 없게 된다. 하지만 우주의 정보는 그래도 보존된다. 우
리가 이 정보들을 알 수는 없지만, 그 정보들이 우주에서 사라진 건 아니
며 단지 블랙홀 안에 갇혀 있을 뿐이다.

하지만 호킹이 블랙홀에 열복사가 있다는 걸 발견한 다음, 이 상황에

본질적인 변화가 생겼다. 블랙홀의 열복사로 인해 이전에 블랙홀로 진입한 물질은 열복사로 변형되어 밖으로 나간다. 그리고 열복사는 거의 아무런 정보도 포함하지 있지 않으므로, 원래 블랙홀 안에 있었던 물질의 정보는 우주에서 소실되었고 정보가 보존되지 않는다는 문제가 생겼다.

하지만 정보가 보존되지 않는다는 결론은 이론물리학계에서 큰 반발에 부딪혔다. 상대성 이론을 연구하는 사람은 블랙홀을 연구해서 얻은 결과는 정보가 보존되지 않는 것이라고 주장했다. 입자물리학을 연구하는 사람은 '정보가 어떻게 보존되지 않을 수 있는가'라고 생각했다. 정보가 보존되지 않는다면, 입자물리학의 양자장론을 설명할 때 사용하는 시변 연산자는 유니터리(unitary)하지 않게 된다. 현재 양자장론에서 사용하는 진화 연산자는 모두 유니터리 연산자다. 정보가 보존되지 않으면 연산자는 유니터리성을 유지할 수 없으므로, 양자 이론을 크게 수정해야 한다. 따라서 입자물리학자들은 정보가 보존되지 않는다는 견해를 배척했고 정보는 반드시 보존된다고 생각했다.

1997년에, 호킹과 그 외 여러 명이 정보가 과연 보존되는 것인지를 두고 내기를 한다. 한쪽은 상대성 이론을 연구하는 전문가 호킹과 킵 손으로, 이 두 사람은 정보가 보존되지 않는다고 생각했다. 다른 한쪽은 양자 정보 전문가인 존 프레스킬(John Preskill)로, 그는 정보는 보존되어야 한다고 생각했다.

그래서 그들은 내기를 했고, 내기에서 진 사람이 상대방에게 『야구백과사전(Total Baseball)』이라는 책을 사주기로 한다. 호킹은 다른 사람들과 내기하는 걸 매우 좋아했다. 한 번은 호킹이 다른 물리학자와 내기를 하면서

진 사람이 이긴 사람에게 성인 잡지의 1년 구독권을 주기로 했다. 호킹은 내기에서 졌고, 조수를 시켜 성인 잡지의 1년 구독권을 주문해서 그 물리학자에게 보냈다. 이 성인 잡지로 인해 물리학자의 아내는 매우 화를 냈다고 한다.

상대성 이론 토론회에서 호킹은 자신이 내기에서 졌다고 선포하고, 그의 조수에게 『야구백과사전』을 사오게 한다. 하지만 그 책은 구할 수 없었고, 호킹은 크리켓에 관한 백과사전 책을 사서 프레스킬에게 보낸다. 그 이후에 호킹은 강연을 발표하면서 자신은 정보가 보존된다고 생각한다고 말한다. 호킹의 주장은 블랙홀 안으로 들어간 물질의 정보는 다시 블랙홀 밖으로 나올 수 있다는 것이다. 하지만 그는 이에 대한 제대로 된 증명을 제시하지는 못했다. 그는 진짜 블랙홀은 우리가 현재 이야기하는 이상적인 블랙홀과 같은 게 아니라, 비이상적인 블랙홀이라고 여겼다. 비이상적인 블랙홀의 경우 정보는 보존되며, 블랙홀 안으로 들어간 정보는 모두 밖으로 나올 수 있다. 그는 입자물리학의 산란 모형을 이용해 설명하기도 했지만 엄밀한 증명은 아니었다.

필자는 이 문제에 관해 우중차오(吳忠超, 『시간의 역사』의 번역자이며, 호킹의 박사 과정 학생이다)에게 질문했던 적이 있는데, 당시 그는 마침 영국에 있는 호킹의 집에 있었다. 필자는 우중차오에게 호킹이 블랙홀의 정보가 보존된다는 걸 증명하는 글을 쓴 적이 있는지 질문했고 우중차오는 없다고 대답했다. 호킹은 끝까지 관련된 논문을 쓰지는 않았지만, 그는 정보가 보존되어야 한다고 생각했다.

당시에 정보가 보존된다고 생각하는 다른 사람들의 생각이 호킹의 구체적인 생각과 완벽히 일치하는 건 아니었다. 다음과 같이 생각하는 사람들도 있었다. 첫 번째 가능성은, 블랙홀의 열복사가 표준적인 열복사가 아니라 편차가 있으며, 이로 인해 일부분의 정보가 블랙홀에서 빠져나오게 된다는 것이다. 두 번째 가능성은 다음과 같다. 블랙홀에 열복사가 일어날 때 온도는 상승하고 질량은 감소한다. 하지만 이러한 복사는 블랙홀 전체를 방출시킬 때까지 지속되지는 않는다. 블랙홀의 질량이 매우 작은 한계까지 감소하면, 양자 효과가 일어나서 블랙홀의 복사를 중지시키고 작은 블랙홀이 남아 있게 된다. 이론적으로 이 블랙홀은 온도가 매우 높아야 하지만 열반응을 보이지 않고, 따라서 정보는 '타고 남은 재'와 같은 형태로 블랙홀에 존재한다.

블랙홀의 정보는 보존되지 않을 것이다

호킹은 블랙홀이 양자 산란 과정을 겪는다고 생각했다. 만약 이 블랙홀이 표준적인 이상적 블랙홀이 아니라면, 산란 과정에서 그중에 일부 정보가 밖으로 나올 수 있다. 그래서 이 문제를 가지고 내기를 했을 때 호킹은 자신이 졌다는 걸 인정했고 정보는 보존된다고 이야기했다. 하지만 킵 손은 호킹의 의견에 동의하지 않았고 여전히 정보가 보존되지 않는다고 생각했다. 그는 자신이 내기에서 졌다는 걸 인정하지 않았고, 이 일은 호킹 한 사람의 말로 결정될 일이 아니라고 생각했다. 프레스킬은 내기에서 왜 자신이 이겼는지 킵 손이 이해하지 못한다고 말했다.

이제 이 문제에 대한 우리 연구팀의 견해를 이야기한다. 블랙홀의 열복사 스펙트럼이 완벽한 표준적 흑체 복사 스펙트럼이라고 한다면, 지나치게 이상적으로 생각한 것일 수 있다. 우리는 호킹 복사는 흑체 복사 스펙트럼과 약간의 편차가 있으며, 따라서 일부 정보가 밖으로 나올 수는 있지만 모든 정보가 밖으로 나오지는 않을 거라고 생각한다. 그 이유가 무엇일까? 블랙홀의 비열은 음수이므로 블랙홀과 외부의 열평형은 불안정한 열평형이기 때문이다. 블랙홀이 처음에는 외부와 열평형 상태에 있었다고 하더라도, 조금이라도 변동이 생기면 온도차가 생긴다. 온도차가 생긴 다음 블랙홀의 온도가 약간 높아지면 열복사는 열흐름처럼 밖으로 방출된다. 블랙홀의 온도가 약간 낮아지면 외부의 열흐름은 블랙홀 안으로 흘러 들어간다. 이 두 가지 상황은 모두 열량이 고온의 물체에서 저온의 물체로 흘러가는 과정이다. 이러한 과정은 분명 엔트로피가 증가하는 과정이며 비가역 과정이다. 블랙홀의 비열은 음수이므로, 일단 블랙홀 내부와 외부에 온도차가 생기면 이 온도차는 커지기만 하고 줄어들지는 않는다. 열흐름으로 인해 생긴 비가역 과정은 계속해서 진행되고 엔트로피도 계속 증가한다. 오늘날 정보 이론 전문가들의 견해에 따르면 정보는 음의 엔트로피로 볼 수 있다. 호킹 등의 사람들도 정보는 음의 엔트로피라고 생각했다. 이러한 견해에 따르면 열역학 제2법칙에 의해 엔트로피는 보존되지 않고 계속 증가한다. 따라서 음의 엔트로피인 정보도 계속해서 감소해야 하며 블랙홀의 복사에서 정보는 보존될 수 없다.

우리가 나중에 이 문제를 연구하는 데 참여한 건 어떤 사람이 든 사례를 보았기 때문이다.

프랭크 윌첵(2004년에 색역학 영역에서의 업적으로 노벨상을 수상했다)과 그의 학생 패릭은 논문을 발표했는데, 그들은 블랙홀의 열복사는 정보를 가지고 나올 수 있으며, 결국 정보는 보존된다고 생각했다. 그들이 주요 견해는 다음과 같다. 기존에 사람들은 블랙홀이 외부로 열복사를 방출한다고 생각할 때, 열복사가 일어난 다음 블랙홀이 작아진다는 걸 고려하지 않았다. 이전에 블랙홀의 열복사에 관한 모든 증명은 이 점을 무시했다. 예를 들어 광자 한 개를 복사로 방출하면, 블랙홀의 질량은 광자 한 개의 에너지만큼 감소해서 블랙홀은 조금 수축한다. 이러한 매우 적은 양의 수축은 퍼텐셜 장벽을 형성하고, 이로 인해 밖으로 튀어나온 광자는 흑체 복사 스펙트럼을 완벽하게 따르지는 못하고 미세한 편차가 생기게 된다. 이 편차와 에너지 보존 법칙을 고려하면, 엔트로피가 잃어버린 정보를 보충할 수 있고, 따라서 정보는 결국 보존된다. 윌첵과 패릭은 구면 대칭인 블랙홀에서 발사된 광자의 경우에 대해 엄밀한 증명을 진행했다.

〈그림 15-1〉은 블랙홀 복사의 터널링 과정을 나타낸 그림이다. 여기서 〈그림 15-1(a)〉는 방출된 입자를 구면파(S파)라고 상상한 경우다. r_{in}은 입자가 방출되기 전 블랙홀 경계(지평면)의 위치고, r_{out}은 입자가 방출된 후 지평면의 위치다. 입자가 방출되었기 때문에 블랙홀의 질량은 감소하고, 지평면은 초기의 위치 r_{in}에서 r_{out}으로 줄어든다. 이때 S파(입자)는 블랙홀의 외부에 위치하게 된다. 〈그림 15-1(b)〉는 또 다른 각도에서 앞의 과정을

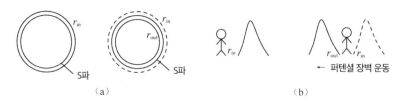

그림 15-1 블랙홀 복사의 터널링

묘사한 것이다. 이 과정은 방출된 입자(그림에서 사람)가 지평면에 있는 퍼텐셜 장벽을 넘어 블랙홀 외부로 온 것과 같다. 하지만 실제 과정에서는 입자(사람)가 움직인 것이 아니라 퍼텐셜 장벽이 r_{in}인 곳에서 r_{out}으로 줄어든 것으로, 마치 퍼텐셜 장벽이 안쪽으로 이동한 것과 같다.

당시에 필자 밑에는 장징이(張靖仪)라는 학생이 있었는데, 그는 주제를 선택해서 박사 논문을 써야 했다. 장징이는 현재 광저우대학교(广州大学) 천문학과 교수이며, 이전에 물리와 전자 공학 대학 학장을 역임했다. 그는 당시에 이미 수준이 높았고, 훌륭한 성과를 많이 냈다. 필자는 그에게 이 주제로 논문을 써보라고 제안하면서, 정보가 보존되지 않아야 한다고 믿는다고 했다. 윌첵과 패릭의 증명에는 분명 오류가 있지만 현재로서는 오류가 무엇인지 알 수 없다면서 말이다. 그에게 이렇게 말했다. "자네는 먼저 윌첵과 패릭의 논문을 널리 알리게. 이 부면을 연구하는 건 노벨상 수상자의 뒤를 따라가는 것이고. 자네는 분명 논문을 발표할 수 있을 것이네. 우리가 정보가 보존되지 않는다는 걸 증명하지 못해도 상관없고, 자네의 박사 학위에 지장을 주지도 않을 걸세. 어쩌면 우리가 운이 좋아서 나중에 그들의 증명에 오류가 있다는 걸 찾아낸다면, 아주 좋은 일이 아닌가?" 그 역시 필자의 말에 동의했다. 박사 과정 공부를 하는 동안 그는 열심히 노력해서 8편의 논문을 완성했으며, 논문의 대부분은 해외 학술지에 발표되었다.

나중에 우리는 그들의 증명에 한 가지 문제가 있는 걸 발견했다. 그들은 한 가지 공식을 사용했는데, 이 공식에서 구한 건 입자의 에너지로 $dQ = TdS$ (〈식 14-1〉 참고)였다. 식에서 Q, T, S는 각각 열량, 온도, 엔트로피다. $dQ = TdS$라는 이 등식은 가역적인 과정일 때만 성립한다. 비가역적인 과정이라면 등호가 부등호가 되어야 한다. 윌첵과 페릭은 모든 증명에서 이 부분을 등호로 처리했다. 하지만 앞에서 살펴본 것처럼 블랙홀의 비열은 음수이기 때문에, 블랙홀이 처음에는 열평형 상태에 있었다고 해도, 열요동으로 인해 외부와 온도 차가 빠르게 생긴다. 이 온도 차는 커지기만 하고 줄어들지는 않는다. 온도 차가 있기 때문에 블랙홀의 열복사는 온도가 높은 열원에서 온도가 낮은 열원으로의 열흐름이 되고, 이 과정은 비가역적이므로 이 공식을 사용할 수 없다. 이 공식을 사용하는 건 먼저 블랙홀의 복사가 가역적 과정이라고 가정하는 것과 같은데, 실제 블랙홀의 복사는 모두 가역 과정이 아니다. 따라서 윌첵과 페릭의 증명은 수학적으로는 정확하지만 물리학적으로는 의미가 없다. 나중에 장징이는 박사 학위를 받았고 우리는 함께 여러 편의 논문을 발표했다. 2008년에 톰슨 로이터 그룹은 처음으로 중국에서 시상식을 하면서 중국에서 비교적 영향력 있는 논문을 24편을 선정했다. 그중 8편은 물리학과 관련된 논문이었는데, 이 중에는 앞서 언급한 논문 중 한 편이 포함되어 있었다.

제 16 과

시간의 수수께끼를
탐구하다

동시의 전이성, 문제가 아닌 것 같은 문제

'동시의 전이성'이란 다음과 같다. 아인슈타인은 그의 특수 상대성 이론과 관련된 첫 번째 논문에서 시간 동기화 문제에 대해 이야기한다. 평평한 시 공간에 A점에 시계가 하나 있고, B점에 시계가 하나 있으며, 이 두 시계의 구조와 기능은 동일하다. A시계가 간 시간은 A시간이고, B시계가 간 시간은 B시간이다. 하지만 이 두 개의 시간은 동기화된 시간은 아니다. 어떻게 하면 이 두 개의 시간을 동기화시킬 수 있을까? 어떤 사람은 이 두 개의 시계를 함께 놓고 시간을 맞춘 다음 하나를 다시 가져가면 된다고 말한다. 하지만 시계를 가져가면 아인슈타인의 상대성 이론에 따라 시계의 속도와 시간이 느려지게 된다. 이 문제를 어떻게 해결할 수 있을까?

아인슈타인의 견해에 따르면 시계 두 개의 시간을 맞추려면, 먼저 빛의 속도가 등방성이라고 가정(또는 규정)해야 한다. 즉 빛이 A부터 B까지 가는 시간과 B부터 A까지 가는 시간은 서로 동일하다고 규정해야 한다. 이러한 개념은 수학자 로렌츠가 먼저 제시한 것이지만, 그는 이에 대해 구체적인 설명을 하지 않았다. 아인슈타인은 이에 대해 구체적으로 기술한다.

〈그림 16-1〉의 좌측은 공간에서의 그림으로, 공간에 두 개의 시계, A 시계와 B 시계가 있다. A 시계에서 B 시계로 빛 신호를 발사하고, B 시계가 있는 곳에는 거울이 있어서 빛 신호가 반사되어 돌아온다. 우측의 그림은 이 두 시계의 시공간에서 그림이다. 4차원 시공간의 경우 두 시계는 공간에서는 A점과 B점에서 계속 움직이지 않지만, 시간이 흘러감에 따라 이 두 시계는 반드시 각각 시간축과 평행한 선(세계선)을 그리게 된다. 시각 t_A에 A점에서 B점으로 빛 신호가 발사되고, 시각 t_B에 이 신호는 B 위치에 있는 거울에 반사되며, 시각 t'_A에 A점으로 돌아온다. 그다음 t_A와 t'_A 두 시각의 중점인 $\tilde{t}_A$를 B 시계가 빛 신호를 수신한 시각 t_B와 같은 시각이라고 정의하면, 두 시계의 시간이 맞춰진다.

아인슈타인은 당시에 이 문제를 언급하면서, 우리가 A와 B의 동기화 시간을 얻었지만, 공간은 매우 크고, C점, D점, E점 등이 있다는 점을 더 언

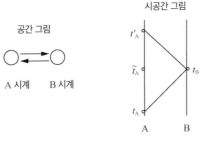

그림 16-1 시계 동기화 문제

급했다. A 시계와 B 시계, B 시계와 C 시계를 각각 동기화시킬 수는 있지만, 공간의 각 점에 있는 시계를 하나로 동기화시켜서 통일된 동기화 시간을 만드는 건 가능할까? 아인슈타인은 논문에서 두 가지 가정이 더 있어야 한다고 주장했다. 첫 번째 가정은 앞에서 언급한 방법으로 A 시계와 B 시계를 동기화시키고, 다시 B 시계와 C 시계를 동기화시키면, A와 C 두 개의 시계는 자동으로 동기화된다는 가정이다. 이를 '동시의 전이성'이라고 한다. 두 번째 가정은 A에서 B로 발사된 빛 신호가 다시 반사되어 돌아와 두 시계를 동기화시킨 경우, B에서 A로 발사된 빛 신호가 다시 반사되어 돌아와 두 시계를 동기화시킨 경우, 이 두 경우는 동일하다는 것이다.

앞서 언급한 내용은 아인슈타인의 특수 상대성 이론에 관한 첫 번째 논문에 언급되어 있지만 사람들의 주목을 끌지는 못했다. 많은 이들은 그의 논문 뒷부분에 주의를 기울였는데, 움직이는 시계가 느려지고, 움직이는 자의 길이가 줄어드는 등의 내용이 비범하다고 생각했기 때문이다. 그의 논문 앞부분의 '시계 동기화' 내용은 당연하다고 생각해서 별로 주의를 기울이지 않았다.

먼저 이 부분에 문제가 있다고 생각한 사람은 란다우다. 필자는 리우랴오 선생님의 수업에서 이 문제에 관해 들었다. 란다우는 A 시계와 B 시계를 동기화시키고, B 시계와 C 시계를 동기화시키면, A와 C 두 시계가 반드시 동기화가 되는 건 아니라고 주장했다. 그는 '동시'라는 개념이 반드시 전이성을 갖지는 않는다고 생각한다. 동기화를 하기 위해서는 시간축이 세 개의 공간축과 모두 수직이라는 전제 조건이 필요하다. 물론 아인슈타인의 특수 상대성 이론에서는 관성계를 사용하며 시간축과 공간축은 모두 수직이다. 따라서 아인슈타인의 이 가정에는 아무런 문제가 없다. 하지만 일반 상대성 이론에서는 시공간이 왜곡된 경우를 다루며 왜곡된 시공간에서는 시간축과 공간축이 반드시 수직이 되는 건 아니다. 그리고 시공간이 왜곡된 경우뿐만 아니라, 특수 상대성 이론(평평한 시공간)에서 비관성계를 사용할 때도 문제가 생기는데, 시간축과 공간축이 전부 수직이 되는 건 아니기 때문이다. 예를 들어 등속 회전 운동을 하는 원반 위의 A, B, C 점에 각각 시계가 있다고 하자. A 시계와 B 시계를 동기화시키고, B 시계와 C 시계를 동기화시키면, A와 C 두 개의 시계는 자동으로 동기화될 수 있을까? 란다우가 제시한 이론에 따르면 A와 C 두 개의 시계는 동기화될 수 없다. 필자는 이 내용에 대해 흥미를 느껴 리우랴오 선생님께 찾아가 질문했고, 그는 이 내용이 란다우가 이야기한 것이라고 말했다. 그래서 필자는 란다우의 『장론(The Classical Theory of Fields)』을 찾아보았고 정말로 이 내용이 책에 쓰여 있는 걸 발견했다. 필자는 시간을 모두 동기화시키는 데에도 조건이 필요하다는 걸 매우 특이하게 느꼈다. 특이하게 느낀 것 외에도 필자는 '물리학에는 다른 비슷한 내용이 없을까?' 하는 생각을 했다. 그러다 갑자기 열역학 제0법칙이 떠올랐다. 물리 연구에 따르면 온도를 정의하려면 전제 조건이 있는데, 즉 열평형에 전이성이 있어야 한다는 것이다. A 계와 B 계가 열평형에 도달하고, B 계와 C 계도 열평형에 도달하면, A와 C 두 개의 계는 자동으로 열평형에 도달한다. 이 조건을 열역학 제0법칙이라고 부른다. 필자는 '동시의 전이성'과 '열평형의 전이성'이 유사하다고 생각하면서, 이 둘 사이에는 어떤 관련이 있는 게 아닐까 하는 생각이 들었다. 필자는 다음과 같이 추측했다. '열역학 제0법칙이 성립하면 시간은 동기화될 수 있다. 열역학 제0법칙이 성립하지 않으면 시간은 동기화되지 않는다.' 이런 상황이 되는 건 아닐까?

시간의 특성은 열의 특성과 관련이 있을까?

이러한 추측을 바탕으로 필자는 '동시의 전이성'과 '열평형의 전이성'이 과연 등가일 가능성이 있는지 탐구하는 시도를 했다. 여러 번 시도해보았지만 모두 성공하지는 못했다. 필자는 주로 블랙홀을 연구하고 있었지만, 이 문제를 종종 생각하곤 했다. 나중에 필자는 온도 그린 함수를 사용해서 시도해볼 수 있겠다는 생각이 떠올랐고, 결국 온도 그린 함수를 이용해 이 추측을 증명했다. 즉 "A 시계와 B 시계가 동기화되고, B 시계와 C 시계가 동기화되면, A, C 두 개의 시계는 자동으로 동기화될 수 있다"는 '동시의 전이성'과 '열평형의 전이성'은 동등하다. 열평형에 전이성이 없다면 열역학 제0법칙은 성립하지 않고, 그렇다면 이런 동기화 방법은 사용할 수 없다. 하지만 필자는 나중에 열역학 제0법칙이 성립할 때의 동기화는 란다우가 말한 '시계의 시각'이 아니라는 걸 문득 깨달았다. 란다우의 시간축 직교(시간축이 세 개의 공간축과 모두 수직) 조건은 A 시계와 B 시계의 시각이 동기화되고, B 시계와 C 시계의 시각이 동기화 될 때, A, C 두 시계의 시각은 반드시 동기화된다는 걸 보증한다. 이것이 란다우의 동기화 요구 조건이다. 〈그림 16-2〉에서 좌측은 A, B, C, 세 개의 시계가 '동기화'된 공간의 그림이다. 우측에 있는 그림에서는 시간축과 공간축이 수직이 아닌 상황에서 A 시계와 B 시계가 동기화되고, B 시계와 C 시계가 동기화되더라도, C 시계를 A시계와 비교해 보면 원래의 t_A 위치에 맞춰지지 않을 수 있다.

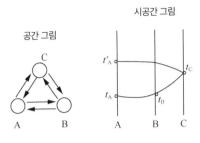

그림 16-2 동시의 전이성

란다우가 말한 이러한 상황에서는 시간축과 세 개의 공간축이 반드시 수직이여야 하며, 이 조건에서 '동시 시각'이 동기화될 수 있다. 즉 t_A'인 점이 t_A인 점과 합쳐진다.

나중에 필자는 열평형의 전이성과 '시계 동기화' 사이에 정말 관련이 있다면, '시계의 시각'을 교정하는 것이 아니라 '시계의 속도'를 교정하는 것과 관련이 있다는 걸 발견했다. A 시계와 B 시계가 똑같은 빠르기로 가고 (시간이 동기화되었다는 것이 아니라 시계의 속도가 동일하다는 것이다) B 시계와 C 시계가 똑같은 빠르기로 가면, A와 C 두 개의 시계는 똑같은 빠르기로 간다. 이것이 바로 '시계 속도 동기화의 전이성'으로 〈그림 16-3〉에 설명되어 있다. 만약 이 조건이 성립하면 열평형의 전이성이 성립하고 그렇지 않으면 열평형의 전이성은 성립하지 않는다. '동시의 전이성'에 대해서 란다우의 시계 동기화 조건은 시간축과 공간축이 수직이라는 것이며 물리적인 의미가 매우 명확하다. 필자도 공식 하나를 제시했는데, 이 공식을 만족하면 '시계 속도의 동기화'에 전이성이 생긴다. 이 공식은 분명 맞는 것이며, 나중에 량찬빈(梁燦彬) 교수는 그의 저서『미분 기하학 입문과 일반 상대성

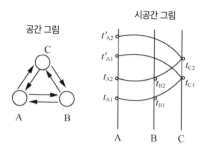

공간 그림

시공간 그림

그림 16-3 시계 속도 동기화의 전이성

이론(微分几何入门与广义相对论)』에 이 공식을 수록했지만, 열평형 전도성의 관계에 대해서는 언급하지 않았다. 이 부면에 대한 필자의 논문은 이미 중국 외의 해외 잡지에 게재되었고 〈중국과학(中国科学)〉 잡지에도 발표되었지만, 필자를 주목한 사람은 없었다. 필자는 필자의 작업이 옳다고 생각하며, 필자가 상대성 이론 연구에서 한 꽤 괜찮은 작업이라고 생각한다. 이전까지 시계 동기화 문제를 '열평형의 전이성'과 연관시킨 사람이 없었기 때문에, 나중에 이 내용이 옳다고 인정받게 되면 필자의 기여도가 적지 않으리라 예상한다.

필자가 특이점 정리와 열역학 제3법칙을 연계시킨, 특이점 정리에 대한 추측과 논증도 중요한 의미가 있을 수 있다. 열역학 제2법칙은 시간과 관련이 있다는 사실이 널리 알려져 있다. 열역학과 시간의 관계에 대해 이야기하면, 사람들은 시간의 흘러감이 열역학 제2법칙과 일치한다는 걸 떠올린다. 그렇다면 비슷한 관계가 또 있지는 않을까? 있다! 물리학에서 '시간의 균일성'은 열역학 제1법칙과 관련이 있으며, 이 법칙은 에너지 보존 법칙의 특별한 사례다. 이 두 가지 점을 사람들은 잘 알고 있다.

그리고 나중에 필자는 또 특이점 정리의 증명이 열역학 제3법칙, 즉 "유한한 단계를 거쳐 온도를 절대영도로 만드는 건 불가능하다"는 법칙을 고려하지 않았다는 걸 지적했다. 필자는 열역학 제3법칙이 특이점의 존재를 배제할 수 있으며, 시간에 시작과 끝이 존재하지 않는다는 걸 보증한다고 생각한다. 따라서 열역학의 네 가지 법칙을 모두 시간의 속성과 연관시킬 수 있다. 필자가 이야기한 논증이 실제로 자리 잡을 수 있을지는 단언할 수 없다. 하지만 필자는 이 논증이 자리를 잡을 거라고 믿으며, 현재까지 어떤 오류가 있다는 걸 발견하지 못했다.

맺음말

이 책의 내용은 여기까지다. 지면의 한계로 인해 내용을 상세히 다루지 못했고, 모든 분야를 다루지도 못했다. 더 많은 내용을 이해하고 싶은 독자들은 참고문헌에 있는 책들과 저자가 차오싱(超星, www.chaoxing.com) 사이트에 올린 동영상 강의 시리즈 '아인슈타인부터 호킹까지의 우주(从爱因斯坦到霍金的宇宙)'를 참고할 수 있다.

참고문헌

1   아인슈타인 A.『특수상대성 이론과 일반 상대성 이론』. 양룬인(杨润殷) 역. 상하이(上海) : 상하이과학기술출판사(上海科学技术出版社), 1974

2   아인슈타인 A, 인펠트 L.『물리학의 진화』. 저우자오웨이(周肇威) 역. 베이징(北京) : 중신출판그룹(中信出版集团), 2019

3   호킹 S W.『시간의 역사』. 쉬밍셴(许明贤), 우중차오(吳忠超) 역. 창샤(长沙) : 후난과학기술출판사(湖南科学技术出版社), 1994.

4   펜로즈 R.『황제의 새마음』. 쉬밍셴(许明贤), 우중차오(吳忠超) 역. 창샤 : 후난과학기술출판사, 1994.

5   손 K S.『블랙홀과 시간 여행』. 리융(李泳) 역. 창샤 : 후난과학기술출판사, 2007.

6   자오정(赵峥).『하느님의 신비를 찾아서(探求上帝的秘密)』. 베이징 : 베이징사범대학출판사(北京师范大学出版社), 2009.

7   자오정.『물리학과 인류 문명 16강(物理学与人类文明十六讲)』. 베이징 : 고등교육출판사(高等教育出版社), 2008

8   자오정.『물리에는 심오한 이치가 담겨 있다 : 아인슈타인부터 호킹까지(物含妙理总堪寻 : 从爱因斯坦到霍金)』. 베이징 : 칭화대학교출판사(清华大学出版社), 2013

9   자오정.『볼 수 없는 별 : 블랙홀과 시간의 흐름(看不见的星 : 黑洞与时间之河)』. 베이징 : 칭화대학교출판사, 2014

10 자오정.『상대성 이론에 관한 백 가지 질문(相对论百问). 베이징 : 베이징사범대학출판사, 2012.

11 자오정.『왜곡된 시공간에서의 블랙홀(弯曲时空中的黑洞)』. 허페이(合肥) : 중국과학기술대학출판사(中国科学技术大学出版社), 2014.